“十二五”高等职业教育计算机类专业规划教材

网络安全技术与实施

蒋莉莉 主 编

孙艳玲 李 坤
姜甜甜 夏 磊 副主编

王秀娟 参 编

周连兵 主 审

中国铁道出版社
CHINA RAILWAY PUBLISHING HOUSE

内 容 简 介

本书结合高职教育的教学特色，遵循以就业为导向的原则，以培养职业能力为核心，摒弃了网络安全涉及的算法、编程等理论性强的内容，侧重于网络安全技术的讲解与应用，采用“工学结合”的思路，由浅入深，由易到难地介绍了网络安全的概念和技术。

本教材精心设计了6个单元，分别是：网络安全规划、单机系统安全管理、网络攻击防范与管理、信息安全管理、安全网络结构构建、综合实训，通过这6个单元的学习，培养学生动手解决实际问题的能力，符合“学中做、做中学”的思路，适合理论实践一体化教学模式。

本书可供高等职业院校计算机类专业的学生使用，也可作为爱好者的自学用书。

图书在版编目（CIP）数据

网络安全技术与实施/蒋莉莉主编. —北京：
中国铁道出版社，2014.9（2015.7重印）
“十二五”高等职业教育计算机类专业规划教材
ISBN 978-7-113-18345-5

Ⅰ. ①网… Ⅱ. ①蒋… Ⅲ. ①计算机网络－安全技术－
高等职业教育－教材 Ⅳ. ①TP393.08

中国版本图书馆CIP数据核字(2014)第180405号

书　　名：网络安全技术与实施
作　　者：蒋莉莉　主编

策　　划：王春霞　　　**读者热线**：400-668-0820
责任编辑：王春霞
编辑助理：孙晨光
封面设计：付　魏
封面制作：白　雪
责任校对：汤淑梅
责任印制：李　佳

出版发行：中国铁道出版社（100054，北京市西城区右安门西街8号）
网　　址：http://www.51eds.com
印　　刷：北京市昌平百善印刷厂
版　　次：2014年9月第1版　　2015年7月第2次印刷
开　　本：787 mm×1 092 mm　1/16　**印张**：9.25　**字数**：222千
书　　号：ISBN 978-7-113-18345-5
定　　价：23.00元

前言

FOREWORD

随着计算机应用的日益普及，网络已经成为大多数企业的重要组成部分，许多常规办公已经开始转向网络，互联网已经成为影响我国经济社会发展、改变人民生活形态的关键行业，随之而来的网络安全问题，也成为制约企业生存与发展的命脉。因网络安全是一门涉及计算机科学、网络技术、通信技术、密码技术、信息安全技术、应用数学、数论、信息论等多种学科的综合性科学，涉及面广，我们在编写本教材时，抛开深奥的理论，注重结合高职教育的教学特色，遵循以就业为导向的原则，侧重于安全技术应用，通过6个单元，由浅入深，由易到难地介绍了网络安全的概念和技术，培养学生动手解决实际问题的能力，符合“学中做、做中学”的思路，适合理论实践一体化教学模式。

教材的内容体系如下:

单元1: 网络安全规划，介绍了项目背景，以及如何对网络进行安全性分析与安全规划。

单元2: 单机系统安全管理，主要介绍如何做好单机系统安全防护工作。

单元3: 网络攻击防范与管理，通过对网络攻击过程的理解，掌握网络攻击的安全防范与管理。

单元4: 信息安全管理，主要介绍如何保障网络中信息的安全。

单元5: 安全网络结构构建，介绍如何构建安全的网络结构并进行方案的实施。

单元6: 综合实训，本单元是一个综合实训项目，针对学校的校园网实际运行情况，结合单元 1～5 所学内容，进行校园网的网络安全管理工作，同时，介绍了云安全等技术的相关概念。

本教材由蒋莉莉主编，周连兵主审，孙艳玲、李坤、姜甜甜、夏磊任副主编，参加编写的还有王秀娟。其中蒋莉莉完成了单元 1 的编写，孙艳玲完成了单元 2 的编写，姜甜甜完成了单元 3 的编写，夏磊完成了单元 4 的编写，王秀娟完成了单元 5 的编写，李坤完成了单元 6 的编写。

尽管我们在本书的编写方面做了很多努力，但是由于时间仓促，编者水平有限，难免存在不妥之处，请读者原谅并提出宝贵意见。所有意见和建议请发至 jll@dyei.net。

编　者

2014 年 7 月

CONTENTS

目录

单元1

网络安全规划

某公司总部有4个部门，分别是人事部门、财务部门、销售部门和科研中心，该公司外地有一个分支机构，为了拓展市场和加速产品销售，同时让生活更方便、更丰富多彩，该公司根据需要构建计算机网络，网络拓扑结构如图1-1所示。

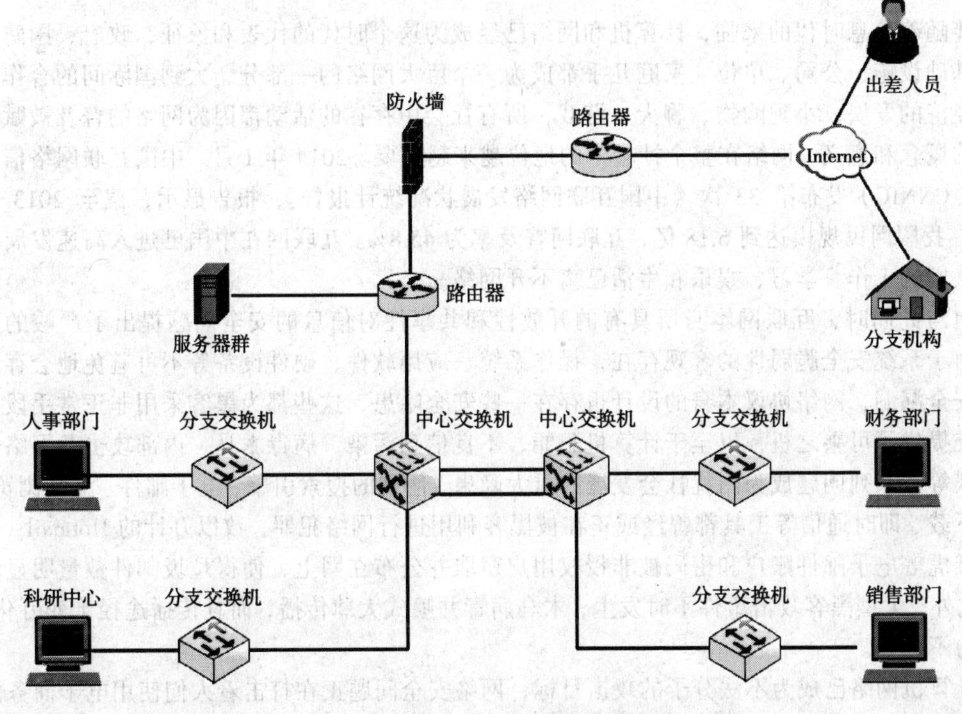

图1-1　公司网络拓扑结构图

该公司网络建成开通后，在提供了快速传递和处理信息能力的同时，发生了很多和安全相关的事件，比如病毒泛滥、Web服务器被攻击、数据丢失、远程传输文件不安全等。为了保障网络能正常安全地运行，公司聘请了专职管理员对网络进行管理，网络管理员在对企业网进行安全管理和维护过程中需要做哪些工作呢？

系统安全与性能和功能是一对矛盾的关系，如果某个系统不向外界提供任何服务（断开），外界是不可能对系统构成安全威胁的，企业接入国际互联网络，等于将一个内部封闭的网络建成为一个开放的网络环境，各种安全问题，包括系统级的安全问题也随之产生。网络安全与网络应用是相互制约和影响的，网络应用需要安全措施的保护，但是如果安全措施过于严格，就会影响到应用的易用性。在对企业网进行安全管理和维护之前，首先要了解网络

安全的相关概念，做好公司网络的安全需求工作，针对公司网络具体的安全管理需求，对公司网络进行安全性分析，做出整体规划。

学习目标

- 了解网络安全相关概念。
- 了解网络面临的安全威胁。
- 能分析具体网络所面临的威胁及脆弱性原因。
- 能独立对具体网络进行安全需求分析与整体规划。

1.1 网络安全概述

1. **网络安全的重要性**

伴随着信息时代的来临，计算机和网络已经成为这个时代的代表和象征，政府、国防、国家基础设施、公司、单位、家庭几乎都成为一个巨大网络的一部分，大到国际间的合作、全球经济的发展，小到购物、聊天、游戏，所有社会中存在的活动都因为网络的普及被赋予了新的概念和意义，网络在整个社会中的地位越来越重要。2014 年 1 月，中国互联网络信息中心（CNNIC）发布第 33 次《中国互联网络发展状况统计报告》，报告显示，截至 2013 年 12 月，我国网民规模达到 6.18 亿，互联网普及率为 45.8%。互联网在中国已进入高速发展时期，人们的工作、学习、娱乐和生活已离不开网络。

但与此同时，互联网本身所具有的开放性和共享性对信息的安全问题提出了严峻的挑战。由于系统安全脆弱性的客观存在，操作系统、应用软件、硬件设备等不可避免地会存在一些安全漏洞，网络协议本身的设计也存在一些安全隐患，这些都为黑客采用非正常手段入侵系统提供了可乘之机，以至于计算机犯罪、不良信息污染、病毒木马、内部攻击及网络信息间谍等一系列问题成为困扰社会发展的重大隐患。便利的搜索引擎、电子邮件、上网浏览、软件下载、即时通信等工具都曾经或正在被黑客利用进行网络犯罪，数以万计的 Hotmail、谷歌、雅虎等电子邮件账户和密码被非授权用户窃取并公布在网上，使得垃圾邮件数量明显增加。此外，大型黑客攻击事件不时发生，木马病毒井喷式大肆传播，而且传播途径千变万化，让人防不胜防。

计算机网络已成为不法分子的攻击目标，网络安全问题正在打击着人们使用电子商务的信心，这些不仅严重影响到电子商务的发展，更影响到国家政治、经济的发展。因此，提高对网络安全重要性的认识，增强防范意识，强化防范措施，是学习、使用网络的当务之急。

2. **网络安全现状**

随着网络应用日益普及并更加复杂，网络攻击行为日趋复杂，各种方法相互融合，黑客攻击行为组织性更强，攻击目标从单纯的追求“荣耀感”向获取多方面实际利益的方向转移，网上木马、间谍程序、恶意网站、网络仿冒等日趋泛滥。手机、掌上电脑等无线终端的处理能力和功能通用性提高，使其日趋接近个人计算机，针对这些无线终端的网络攻击已经开始出现，并将进一步发展。总之，网络安全问题变得更加错综复杂，影响将不断扩大，很难在短期内得到全面解决。历史上有很多典型案例，尤其是近几年，互联网每年都会发生重大的网络安全事件。

(1) 国外

2012 年 2 月 04 日，黑客集团 Anonymous 公布了一份来自 1 月 17 日美国 FBI 和英国伦敦警察厅的工作通话录音，时长 17 分钟，主要内容是双方讨论如何寻找证据和逮捕 Anonymous、LulzSec、Antisec、CSL Security 等黑帽子黑客的方式，而其中涉及未成年黑客的敏感内容被遮盖。FBI 已经确认了该通话录音的真实性，安全研究人员已经开始着手解决电话会议系统的漏洞问题。

2012 年 2 月 13 日，据称一系列政府网站均遭到了 Anonymous 组织的攻击，而其中 CIA 官网于周五被黑长达 9 小时。

(2) 国内

2010 年，Google 发布公告称将考虑退出中国市场，而公告中称，造成此决定的重要原因是因为 Google 被黑客攻击。

2011 年 12 月 21 日，国内知名程序员网站 CSDN 遭到黑客攻击，大量用户数据被公布在互联网上，600 多万个明文的注册邮箱被迫“裸奔”。

2011 年 12 月 29 日下午，继 CSDN、天涯社区用户数据泄露后，互联网行业一片人心惶惶，而在用户数据最为重要的电商领域，也不断传出存在漏洞、用户信息泄露的消息，漏洞报告平台乌云发布漏洞报告称，支付宝用户信息大量泄露，被用于网络营销，泄露总量达 1 500 万～2 500 万之多，泄露时间不明，里面只有支付用户的账户，没有密码。已经被卷入的企业有京东商城、支付宝和当当网，其中京东及支付宝否认信息泄露，而当当则表示已经向当地公安报案。

3. 网络安全的定义

网络安全是指网络系统的硬件、软件及系统中的数据受到保护，不因偶然的或者恶意的原因而遭受到破坏、更改、泄露，系统连续可靠正常地运行，网络服务不中断。

网络安全是一门涉及计算机科学、网络技术、通信技术、密码技术、信息安全技术、应用数学、数论、信息论等多种学科的综合性学科。网络安全从其本质上来讲就是网络上信息的安全，它涉及的内容相当广泛，既有技术方面的问题，也有管理方面的问题，两方面相互补充，缺一不可。技术方面主要侧重于如何防范外部非法攻击，管理方面则侧重于内部人为因素的管理。如何更有效地保护重要的信息数据，提高计算机网络系统的安全性已经成为所有计算机网络应用必须考虑和必须解决的一个重要问题。

4. 网络安全的要素

网络安全的要素主要包括 5 方面。

(1) 保密性

保证信息不泄露给未经授权的进程或实体，只供授权者使用。

(2) 完整性

信息只能被得到允许的人修改，并且能够被判别该信息是否已被篡改过。同时一个系统也应该按其原来规定的功能运行，不被非授权者操纵，按既定的目标运行。

(3) 可用性

可用性是指保障信息资源随时可提供服务的能力特性，即授权用户根据需要可以随时访问所需信息。

（4）可鉴别性

网络应对用户、进程、系统和信息等实体进行身份鉴别。

（5）不可抵赖性

数据的发送方与接收方都无法对数据传输的事实进行抵赖。

5. 网络面临的威胁

网络需要与外界联系，同时也受到许多方面的威胁，包括物理威胁、系统漏洞造成的威胁、身份鉴别威胁、线缆连接威胁和有害程序等。

（1）物理威胁

物理威胁包括4个方面：偷窃、废物搜寻、间谍行为和身份识别错误。

（2）系统漏洞造成的威胁

系统漏洞造成的威胁包括3个方面：乘虚而入、不安全服务和配置及初始化错误。

（3）身份鉴别威胁

身份鉴别造成的威胁包括4个面：口令圈套、口令破解、算法考虑不周和编辑口令。

（4）线缆连接威胁

线缆连接造成的威胁包括3个方面：窃听、拨号进入和冒名顶替。

（5）有害程序

有害程序造成的威胁包括3个方面：病毒、代码炸弹和特洛伊木马。

6. 网络安全模型

一个常用的网络安全策略模型是PDRR模型。PDRR是4个英文单词的首字母：Protection（防护）、Detection（检测）、Response（响应）和Recovery（恢复）。

（1）防护

安全策略的第一关就是防护。防护就是根据系统已知的可能安全问题采用可能采取的手段措施，如打补丁、访问控制、数据加密等，不让攻击者顺利入侵，防护是PDRR模型中最重要的部分。

（2）检测

防护系统可以阻止大多数的入侵事件，但不能阻止所有的入侵事件，特别是那些利用新的系统缺陷、新攻击手段的入侵。安全策略的第二关是检测，攻击者如果穿过了防护系统，检测系统就会检测出来，如检测入侵者的身份，包括攻击源、系统损失等。

检测是指通过对计算机网络或计算机系统中若干关键点收集信息，并对其进行分析，从中发现网络或系统中是否有违反安全策略的行为和被攻击的迹象。进行入侵检测的软件与硬件的组合便是入侵检测系统（IDS）。

在PDRR模型中，P和D有互补关系，检测系统可以弥补防护系统的不足。

（3）响应

检测系统一旦检测出入侵，响应系统则开始响应，进行事件处理。PDRR 中的响应就是在入侵事件发生后，进行紧急响应（事件处理）。

响应的工作主要分为两种：紧急响应和其他事件处理。紧急响应就是当安全事件发生时采取应对措施，其他事件主要包括咨询、培训和技术支持。

（4）恢复

安全策略 PDRR 的最后一关就是系统恢复。恢复是指事件发生后，把系统恢复到原来状态或比原来更安全的状态。

恢复也分为系统恢复和信息恢复两方面内容。系统恢复是指修补缺陷和消除后门，修补事件所利用的系统缺陷，不让黑客再次利用这些缺陷入侵系统。系统恢复包括系统升级、软件升级和打补丁。消除后门是系统恢复的另一项重要工作，一般来说，黑客入侵第一次是利用系统缺陷，在入侵成功后，黑客就会在系统中留下一些后门，如安装木马程序等。因此，尽管缺陷被补丁修复，黑客还可以再次通过留下的后门入侵。信息恢复则是指恢复丢失的数据，丢失数据可能是由于黑客入侵所致，也可能是由于系统故障、自然灾害等原因所致。

7. 网络安全相关法规

网络安全方面的法规经过 20 多年的发展，在许多国家都已经建立了一套完善的安全法规。早在 2010 年，美国就成立了网络领导部门，当时“中国是否要成立网络相关部门”还曾经在网络上引起热议，9 成的民众表示赞同。而 2013 年，由斯诺登引爆的“棱镜门”事件客观上形成了各国在全球范围内开展网络和信息安全对话的环境，网络安全已成为国家安全的重大威胁和挑战，是国家安全的一大“软肋”。党的十八届三中全会提出“健全公共安全体系”的战略部署，强调“坚持积极利用、科学发展、依法管理、确保安全的方针，加大依法管理网络力度，加快完善互联网管理领导体制，确保国家网络和信息安全。”在此环境下，探讨网络安全立法模式凸显其重大现实意义。在我国，有关“网络安全”的内容在今年的政府工作报告中首次出现。

（1）国际立法情况

美国和日本是计算机网络安全发展比较完善的国家，一些发展中国家和第三世界国家的计算机网络安全方面的法规还不够完善。

发达国家凭借技术开发应用占优的比较优势，率先出台国家信息安全战略与相关法律。美国、英国率先制定国家紧急状态处置机制；为加强基础数据库建设，美国建立国家安全数据中心，日本建立防御系统安全中心。与此同时，为规制有害信息，英国、美国、韩国倡导行业自律与协调，限制网络非法信息上网泛滥，促进应用信息保护。发达国家网络安全管理规范实现了由政策引导型向法律规制、政策调节、技术规范、管控并用、人才支撑、综合施策、多措并举的转型，呈现出规范化、制度化、体系化、现代化的特征，为发展中国家立法模式的完善建立提供了可资借鉴的经验。

（2）我国立法情况

在我国，网络安全方面的法规已经写入《中华人民共和国宪法》，增加网络安全方面法规相关的条款到国家法律，为了加强对计算机犯罪的打击力度，在《中华人民共和国刑法》中也增加了有关计算机犯罪的条款。另外，计算机安全方面的法规，也已经写入国家条例和管理办法。

习题

1. 计算机网络的安全实质是指(　　)。

A. 网络中设备设置环境的安全　　　　B. 网络使用者的安全
C. 网络中信息的安全　　　　　　　　D. 网络的财产安全

2. 以下(　　)不是保证网络安全的要素。
A. 信息的保密性　　　　　　　　　　B. 发送信息的不可抵赖性
C. 数据交换的完整性　　　　　　　　D. 数据存储的唯一性

3. 信息不泄露给非授权的用户、实体或过程，指的是信息的(　　)特性。
A. 保密性　　　　　　　　　　　　　B. 完整性
C. 可用性　　　　　　　　　　　　　D. 可控性

4. 对企业网络最大的威胁是(　　)。
A. 黑客攻击
B. 内部员工的恶意攻击
C. 竞争对手
D. 外国政府

5. 网络安全事件层出不穷，查阅相关资料，了解典型网络事件及其危害。
6. 为什么要研究网络安全？
7. 分别举两个例子说明网络安全与政治、经济、社会稳定和军事的联系。
8. 分享身边真实的网络安全事件，讨论防范方法。
9. 了解我国网络安全相关法律法规。

1.2　网络需求与规划

1.2.1　网络安全需求

网络安全需求调研的目的是从用户方的需求出发，通过对用户方现场实地调查，了解用户方的需求、现场环境等情况，获得对整个项目的总体认识，为总体规划设计打下基础。

通过与该公司主管部门的多次沟通洽谈，了解公司网络的安全管理需求，整理如下：

① 保证计算机的安全正常运行，需要时刻保持网络畅通，防范病毒干扰和黑客攻击。

② 一旦发现问题能够及时处理，进行攻击监控，及时发现外部网络的入侵行为，并希望找到留下的蛛丝马迹，能找到追究责任的证据。

③ 内部信息要保密，要让外界无法知道内部的信息，尤其是科研中心的新技术资料和财务部门的财务状况信息，即使万一获得了这些信息也无法知道信息的具体含义，能够进行备份与恢复。

④ 对远程用户或分支机构远程访问公司网络进行安全保护。

满足基本的安全要求，是该网络成功运行的必要条件，在此基础上提供强有力的安全保障，是网络系统安全的重要原则。

1.2.2　网络安全规划

在普通小型局域网中，最常用的安全防护手段就是在路由器后部署一道防火墙，甚至安全需求较低的网络并无硬件防火墙，只是在路由器和交换机上进行简单的访问控制与设置数据包筛选机制即可。但是，有些网络的安全需求较高，必须根据网络的实际需求进行相应的部署与管理。在该项目所要求的企业网络中，许多重要应用都依赖网络，势必对网络安全的要求要高一些，在部署网络设备的同时，必须辅助多种访问控制与安全配置措施，加固网络安全。因此，该企业网络的安全管理遍布网络的所有分支。

1. 单机系统安全管理

可以从以下几个方面进行单机系统的安全防护工作：

（1）计算机物理安全

物理安全是安全的前提，攻击往往来自能够接触到物理设备的用户。

（2）操作系统安全

对于一个操作系统，良好的配置可以大大提高其安全性，合理的配置和正确的策略是系统安全的基础。

（3）个人计算机应用安全

个人计算机的应用多种多样，主要包括病毒防治、恶意软件防范、IE 安全防范、网络浏览安全防范、网络应用安全防范等。

2. 网络攻击防范与管理

在保障单机系统的安全之后，通过对黑客攻击行为的了解，做好网络的安全防范与管理。

3. 信息安全管理

对于企业来说，信息至关重要，保证基本的单机与网络运行安全之后，需要进行信息安全管理来保障信息的安全。信息安全的管理主要是靠信息加密、数字签名、备份与灾难恢复来实现的，另外，远程访问作为大多数企业网络的必备功能，可以实现员工出差、在家办公、分支机构与总部网络共享资源，而 VPN 是目前常用的远程访问技术之一，主要特点是安全可靠，机制灵活，费用低廉，易于实现。

4. 网络安全结构构建

构建安全的网络结构并进行安全方案的实施，提升网络结构安全。

小知识

按照国际标准化组织（ISO）的定义，网络管理是指规划、监督、控制网络资源的使用和网络的各种活动，以使网络的性能达到最优。

习题

1. 某高新产品研发企业拥有员工 1 000 余人，公司总部有生产车间，另外，产品展示、技术开发与企业办公均在智能大厦中进行。该企业在外地设有两家分公司，由总公司进行统一部署，该企业网络的拓扑结构如图 1-2 所示。通过角色扮演，分析该企业网络可能面临的问题及其需求并进行记录，形成需求分析报告。

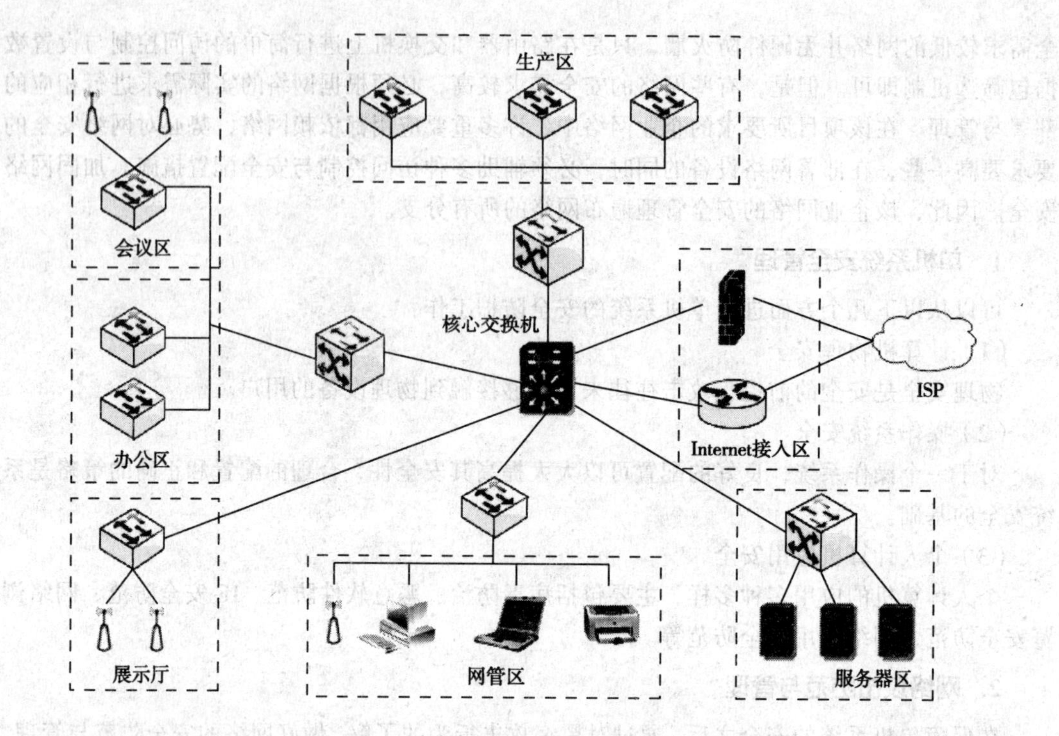

图 1-2　企业网络拓扑结构图

2. 结合上题需求分析报告，对图 1-2 所示网络进行安全管理规划。

单元2 单机系统安全管理

单机系统作为网络安全的基本组成单元，可能面临的安全问题有：计算机物理安全、计算机病毒、网络蠕虫、恶意攻击、木马程序、网站恶意代码和操作系统漏洞等。单机系统无论是软件还是硬件出问题都会直接影响使用。

学习目标

- 了解物理安全的重要性。
- 理解安全策略在系统安全中的作用。
- 理解病毒及恶意软件的概念。
- 能防范物理威胁。
- 能清除病毒和恶意软件。
- 能熟练使用常见的杀毒软件。
- 能对 Windows 7 操作系统进行安全配置。
- 能对个人计算机常见应用安全问题进行修复与预防。

2.1 物理安全管理

对于网络安全管理工作而言，最基本的就是物理安全管理，没有物理安全的基础，就没有网络的安全管理。

物理安全的目的是保护一些比较重要的设备不被接触。物理安全比较难防，因为攻击往往来自能够接触到物理设备的用户。

1. 获取管理员密码

系统管理员登录系统以后，离开计算机时没有锁定计算机，或者直接以自己的账户登录，然后让别人使用，这是非常危险的，因为可以轻易地获取管理员密码。

用户登录以后，所有的用户信息都存储在系统的一个进程中，这个进程是 winlogon.exe，如图 2-1 所示。

使用 FindPass 等工具可以对该进程进行解码，然后将当前用户的密码显示出来。将 FindPass.exe 拷贝到 C 盘根目录，执行该程序，将得到当前用户的登录名和密码，如图 2-2 所示。

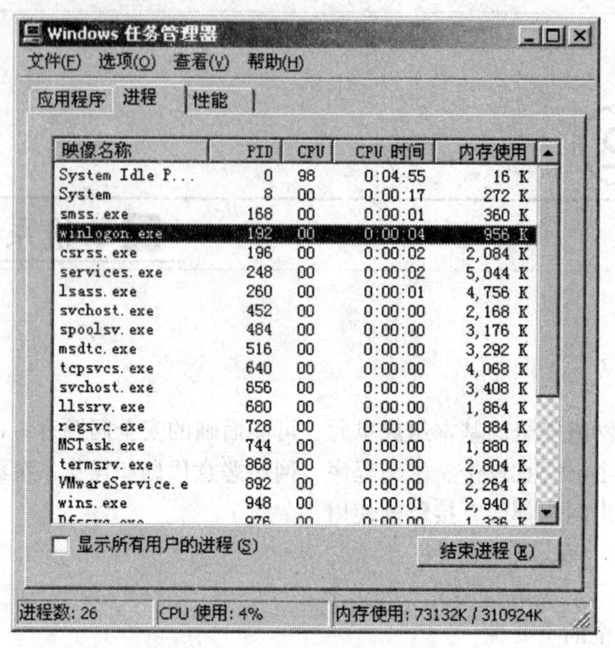

图 2-1　用户登录进程

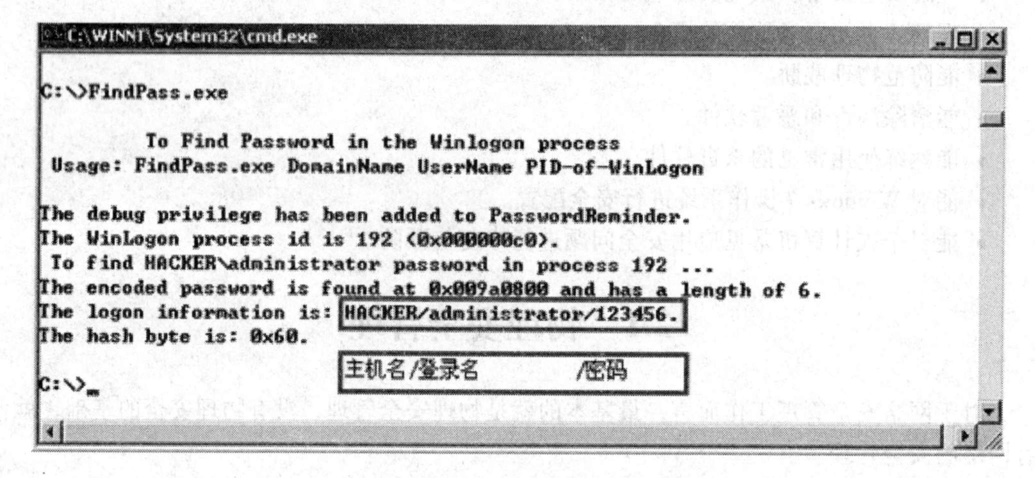

图 2-2　获取用户名和密码

如果有多人登录同一台计算机，还可以查看其他用户的密码，使用的语法如下：

FindPass.exe DomainName UserName PID-of-WinLogon

第 1 个参数 DomainName 是计算机的名称；第 2 个参数 UserName 是需要查看密码的用户名，这个用户必须登录到系统，如果没有登录到系统，在 WinLogon 进程中不会有该用户的密码；第 3 个参数是 WinLogon 进程在系统的进程号。

前两个参数都容易知道，WinLogon 的进程号只有到任务管理器中才能看见，也可以利用工具 pulist.exe 程序查看 WinLogon 的进程号。

所以，只要可以进入某个系统，获取管理员或者超级用户的密码就是可能的。

因此在离开计算机的时候一定要对计算机进行锁定，防范该类安全隐患的发生。

2. **权限提升**

有时不能杜绝其他用户的使用，管理员为了安全，给其他用户建立一个普通用户账户，提高系统安全性。其实不然，用普通用户账户登录后，可以利用 GetAdmin.exe 等权限提升工具将自己加到管理员组或者新建一个具有管理员权限的用户。

比如建立一个账户 Hacker，该用户为普通用户。使用 Hacker 账户登录系统，在系统中利用 GetAdmin.exe 程序，可以自动读取所有用户列表，在窗口中单击“New”按钮，在“User Name”文本框中输入要新建的管理员组的用户名，如图 2-3 所示。

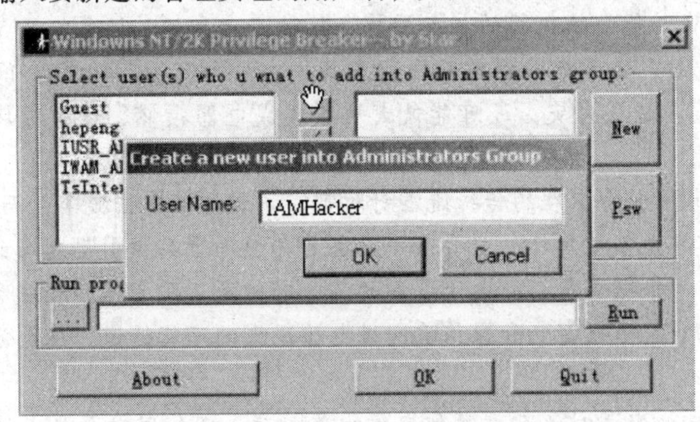

图 2-3　更改用户所在的组

输入一个用户名为“IAMHacker”，单击“OK”按钮，然后单击主界面的“OK”按钮，出现提示添加成功的对话框，如图 2-4 所示。

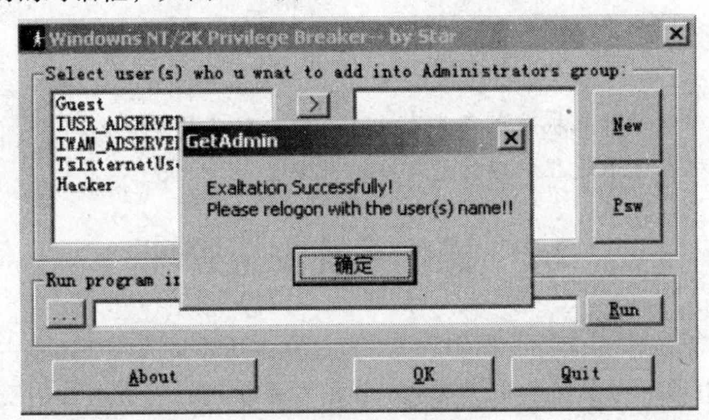

图 2-4　新建成功对话框

注销当前用户，使用“IAMHacker”登录，密码为空，登录以后查看自己所在的用户组，就是 Administrator 组。

这样一个普通用户就成功新建了一个管理员账户。所以只要物理上接触了计算机系统，就可以马上获得该系统超级用户的权限。

小知识

网络面临的物理安全主要包括 5 个方面：防盗，防火，防静电，防雷击和防电磁泄漏。

① 防盗：像其他的物体一样，计算机也是偷窃者的目标，例如盗走硬盘、主板等。计

算机偷窃行为所造成的损失可能远远超过计算机本身的价值，因此必须采取严格的防范措施，以确保计算机设备不会丢失。

② 防火：计算机机房发生火灾一般是由于电气原因、人为事故或外部火灾蔓延引起的。电气设备和线路因为短路、过载、接触不良、绝缘层破坏或静电等原因引起电打火而导致火灾。人为事故是指由于操作人员不慎，吸烟、乱扔烟头等，使存在易燃物质（如纸片、磁带、胶片等）的机房起火，当然也不排除人为故意纵火。外部火灾蔓延是因外部房间或其他建筑物起火而蔓延到机房而引起火灾。

③ 防静电：静电是由物体间的相互摩擦、接触而产生的，计算机显示器也会产生很强的静电。静电产生后，由于未能释放而保留在物体内，会有很高的电位（能量不大），从而产生静电放电火花，造成火灾。还可能使大规模集成电器损坏，这种损坏可能是不知不觉造成的。

④ 防雷击：利用引雷机理的传统避雷针防雷，不但增加雷击概率，而且会产生感应雷，而感应雷是电子信息设备被损坏的主要杀手，也是易燃易爆品被引燃起爆的主要原因。雷击防范的主要措施是，根据电气、微电子设备的不同功能及不同受保护程序和所属保护层确定防护要点作分类保护；根据雷电和操作瞬间过电压危害的可能通道，从电源线到数据通信线路都应做多层保护。

⑤ 防电磁泄漏：电子计算机和其他电子设备一样，工作时会产生电磁发射。电磁发射包括辐射发射和传导发射。这两种电磁发射可被高灵敏度的接收设备接收并进行分析、还原，造成计算机的信息泄露。屏蔽是防电磁泄漏的有效措施，屏蔽主要有电屏蔽、磁屏蔽和电磁屏蔽3种类型。

习题

1. 物理安全可能对计算机造成哪些影响，有什么防范措施？
2. 个人计算机在使用过程中应注意哪些物理安全？

2.2　操作系统安全管理

Windows操作系统作为流行的操作系统，经过众多版本的发展，逐步占据了广大的中小网络操作系统的市场。为了保证系统安全，提前对系统进行有针对性的安全优化是非常有必要的。微软在2009年10月正式发布Windows 7，和Windows XP、Windows Vista一样，Windows 7的安全部署也需要借鉴Windows系列的安全流程。这种近乎通用的方式可以为Windows 7的安全性提供更好的保证。本节内容以Windows 7操作系统为例进行讲解。

2.2.1　操作系统安全概述

1. 操作系统安全现状

操作系统是管理整个计算机硬件与软件资源的程序，它是网络系统的基础，是保证整个互联网实现信息资源传递和共享的关键，操作系统的安全性在网络安全中举足轻重。一个安全的操作系统能够保障计算机资源使用的保密性、完整性和可用性，可以对数据库、应用软件和网络系统等提供全方位的保护。

长期以来，我国广泛应用的主流操作系统都是从国外引进直接使用的产品，这些系统的安全性令人担忧。从认识论的高度看，人们往往首先关注对操作系统的需要、功能，然后才被动地从出现的漏洞和后门，以及不断发生的世界性的“冲击波”和“震荡波”等安全事件中，注意到操作系统本身的安全问题。操作系统结构和机制的不安全，以及PC硬件结构的简化，系统不分执行“态”，内存无越界保护等，这些因素都有可能导致资源配置被篡改，恶意程序被植入执行，利用缓冲区溢出攻击及非法接管系统管理员权限等安全事故发生；导致病毒在世界范围内传播泛滥，黑客利用各种漏洞攻击入侵，非授权者任意窃取信息资源，从而使得安全防护体系形成了防火墙、防病毒和入侵检测老三样的被动局面。

2. **网络安全评价标准**

对于操作系统安全的评价标准，比较流行的是1985年美国国防部制定的可信任计算机标准评价准则，各国根据自己的国情也都制定了相关的标准。

（1）我国评价标准

1999年10月经过国家质量技术监督局批准发布的《计算机信息系统安全保护等级划分准则》（GB 17859—1999）将计算机安全保护划分为以下5个级别：

第1级为用户自主保护级（GB1安全级）：它的安全保护机制使用户具备自主安全保护的能力，保护用户的信息免受非法的读写破坏。

第2级为系统审计保护级（GB2安全级）：除具备第一级所有的安全保护功能外，要求创建和维护访问的审计跟踪记录，使所有的用户对自己行为的合法性负责。

第3级为安全标记保护级（GB3安全级）：除继承前一个级别的安全功能外，还要求以访问对象标记的安全级别限制访问者的访问权限，实现对访问对象的强制保护。

第4级为结构化保护级（GB4安全级）：在继承前面安全级别安全功能的基础上，将安全保护机制划分为关键部分和非关键部分，对关键部分直接控制访问者对访问对象的存取，从而加强系统的抗渗透能力。

第5级为访问验证保护级（GB5安全级）：这一个级别特别增设了访问验证功能，负责仲裁访问者对访问对象的所有访问活动。

我国是国际标准化组织的成员国，信息安全标准化工作在各方面的努力下正在积极开展中。从20世纪80年代中期开始，自主制定和采用了一批相应的信息安全标准。但是，应该承认，标准的制定需要较为广泛的应用经验和较为深入的研究背景。这两方面的差距，使我国的信息安全标准化工作和国际已有的工作相比，覆盖的范围还不够大，宏观和微观的指导作用也有待进一步提高。

（2）国际评价标准

根据美国国防部开发的计算机安全标准——可信任计算机标准评价准则（Trusted Computer Standards Evaluation Criteria：TCSEC），也就是网络安全橙皮书，一些计算机安全级别被用来评价一个计算机系统的安全性。

自从1985年橙皮书成为美国国防部的标准以来，就一直没有改变过，多年以来一直是评估多用户主机和小型操作系统的主要方法。其他子系统（如数据库和网络）也一直用橙皮书来解释评估。橙皮书把安全的级别从低到高分成4个类别：D类、C类、B类和A类，每类又分几个级别，如表 2-1 所示。

表 2-1 安全级别

类别	级别	名称	主要特征
D	D	低级保护	没有安全保护
C	C1	自主安全保护	自主存储控制
	C2	受控存储控制	单独的可查性，安全标识
B	B1	标识的安全保护	强制存取控制，安全标识
	B2	结构化保护	面向安全的体系结构，较好的抗渗透能力
	B3	安全区域	存取监控、高抗渗透能力
A	A	验证设计	形式化的最高级描述和验证

D 级是最低的安全级别，属于这个级别的操作系统就像一个门户大开的房子，任何人都可以自由进出，是完全不可信任的。对于硬件来说，是没有任何保护措施的，操作系统容易受到损害，没有系统访问限制和数据访问限制，任何人不需任何账户都可以进入系统，不受任何限制可以访问他人的数据文件。属于这个级别的操作系统有：DOS 和 Windows 98 等。

C1 是 C 类的一个子安全等级。C1 又称选择性安全保护（Discretionary Security Protection）系统，它描述了一个典型的用在 UNIX 系统上的安全级别，这种级别的系统对硬件有某种程度的保护，如用户拥有注册账户和口令，系统通过账户和口令来识别用户是否合法，并决定用户对程序和信息拥有什么样的访问权，但硬件受到损害的可能性仍然存在。

用户拥有的访问权是指对文件和目标的访问权。文件的拥有者和超级用户可以改变文件的访问属性，从而对不同的用户授予不同的访问权限。

C2 级除了包含 C1 级的特征外，应该具有访问控制环境（用户权限级别）权力。该环境具有进一步限制用户执行某些命令或者访问某些文件的权限，而且还加入了身份认证等级。另外，系统对发生的事情加以审计，并写入日志，如什么时候开机，哪个用户在什么时候从什么地方登录等。这样通过查看日志，就可以发现入侵的痕迹，如多次登录失败，可以大致推测出可能有人想入侵系统。审计除了可以记录下系统管理员执行的活动以外，还加入了身份认证级别，这样就可以知道谁在执行这些命令。审计的缺点在于它需要额外的处理时间和磁盘空间。

使用附加身份验证可以让一个 C2 级系统用户在不是超级用户的情况下有权执行系统管理任务。授权分级使系统管理员能够给用户分组，授予他们访问某些程序的权限或访问特定的目录。

B 级中有 3 个级别，B1 级即标志安全保护（Labeled Security Protection），是支持多级安全（如秘密和绝密）的第一个级别。这个级别说明处于强制性访问控制之下的对象，系统不允许文件的拥有者改变其许可权限。

安全级别存在保密、绝密级别，这种安全级别的计算机系统一般在政府机构中，如国防部和国家安全局的计算机系统。

B2 级，又叫结构保护级别（Structured Protection），它要求计算机系统中所有的对象都要加上标签，而且给设备（磁盘、磁带和终端）分配单个或多个安全级别。

B3 级，又叫做安全域级别（Security Domain），使用安装硬件的方式来加强域的安全。例如，内存管理硬件用于保护安全域免遭无授权访问或更改其他安全域的对象。该级别也要求用户通过一条可信任途径连接到系统上。

A 级，又称验证设计级别（Verified Design），是当前橙皮书的最高级别，它包含了一个严格的设计、控制和验证过程。该级别包含了较低级别的所有安全特性。

安全级别设计必须从数学角度上进行验证，而且必须进行秘密通道和可信任分布分析。可信任分布（Trusted Distribution）的含义是：硬件和软件在物理传输过程中已经受到保护，以防止破坏安全系统。橙皮书也存在不足，TCSEC 是针对孤立计算机系统，特别是小型机和主机系统。假设有一定的物理保障，该标准适合政府和军队，但不适合企业，这个模型是静态的。

3. Windows 操作系统注册表

（1）注册表的由来

注册表源于 Windows 3.x 操作系统，在早期的 Windows 3.x 操作系统中，注册表是一个极小的文件，其文件名为 Reg.dat，里面只存放了某些文件类型的应用程序关联，而操作系统大部分的设置放在 Win.ini、System.ini 等多个初始化 INI 文件中。

由于这些初始化文件不便于管理和维护，时常出现一些因 INI 文件遭到破坏而导致系统无法启动的问题。为了使系统运行得更为稳定、健壮，Windows 95/98 设计师们借用了 Windows NT 中的注册表的思想，将注册表引入到 Windows 95/98 操作系统中，而且将 INI 文件中的大部分设置也移植到注册表中。因此，注册表在 Windows 95/98 及之后的操作系统启动、运行过程中起着重要的作用。

（2）注册表的作用

注册表是一个记录 32 位驱动的设置和位置的数据库。当操作系统需要存取硬件设备时，操作系统需要知道从哪里找到它们，文件名、版本号、其他设置和信息，如果没有注册表对设备的记录，就不能使用它们。当用户准备运行一个应用程序时，注册表给操作系统提供应用程序信息，这样就可以找到应用程序，确定正确数据文件的位置，也可以使用其他设置。

注册表还保存了安装信息（如日期、安装软件的用户、软件版本号和序列号等，根据安装软件的不同，它包括的信息也不同）。它同样也保存了关于默认数据和辅助文件的位置信息及菜单、按钮条、窗口状态和其他可选项的信息。

通过修改注册表，可以对系统进行限制、优化，比如可以设置与众不同的桌面图标和开始菜单，设置不同权限的人查看电脑资料，限制别人远程登录电脑，或修改注册表等，可以通过改动注册表的办法来维护操作系统的安全。

（3）注册表相关的术语

① HKEY：根键或主键，它的图标与资源管理器中文件夹的图标类似。

② key（键）：它包含了附加的文件夹和一个或多个值。

③ subkey（子键）：在某一个键（父键）下面出现的键（子键）。

④ Branch（分支）：代表一个特定的子键及其所包含的一切。一个分支可以从每个注册表的顶端开始，通常用以说明一个键和其所有内容。

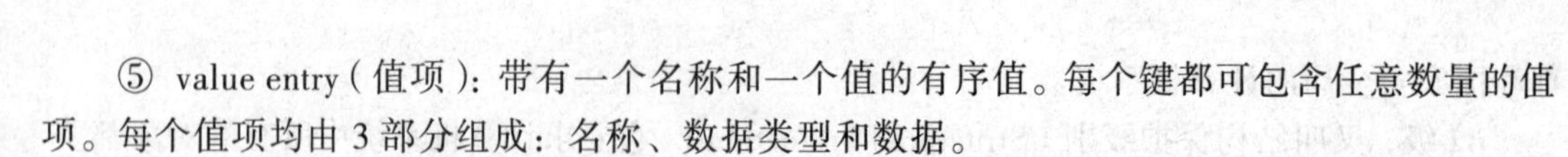

⑤ value entry（值项）：带有一个名称和一个值的有序值。每个键都可包含任意数量的值项。每个值项均由 3 部分组成：名称、数据类型和数据。

⑥ 字符串（REG_SZ）：顾名思义，一串 ASCII 码字符。如“Hello World”，是一串文字或词组。在注册表中，字符串值一般用来表示文件的描述、硬件的标识等。通常它由字母和数字组成。注册表总是在引号内显示字符串。

⑦ 二进制（REG_BINARY）：如 F03D990000BC，它是没有长度限制的二进制数值，在注册表编辑器中，二进制数据以十六进制的方式显示出来。

⑧ 双字（REG_DWORD）：从字面上理解应该是 Double Word，双字节值。由 1～8 个十六进制数据组成，我们可以用十六进制或十进制的方式来编辑，如 D1234567。

⑨ Default（默认值）：每一个键至少包括一个值项，称为默认值（Default），它总是一个字符串。

（4）注册表的结构

注册表是 Windows 程序员建造的一个复杂的信息数据库，它是多层次结构。由于每台计算机上安装的设备、服务和程序有所不同，因此一台计算机上的注册表内容可能与另一台有很大不同。

打开“运行”对话框，输入 regedit.exe，就可以打开“注册表编辑器”，在其左侧可以看到注册表的分支结构。注册表由 5 个根键组成。

① HKEY_LOCAL_MACHINE (HKLM)。

包含操作系统及硬件相关信息（如计算机总线类型、系统可用内存、当前装载了哪些设备驱动程序及启动控制数据等）的配置单元。实际上，HKLM 保存着注册表中的大部分信息，因为另外 4 个配置单元都是其子项的别名。不同的用户登录时，此配置单元保持不变。HKEY_LOCAL_MACHINE (HKLM)的子树：

- HARDWARE：在系统启动时建立，包含系统的硬件信息。
- SAM：包含用户账户和密码信息。
- SECURITY：包含所有的安全配置信息。
- SOFTWARE：包含应用程序的配置信息。
- SYSTEM：包含服务和设备的配置信息。

② HKEY_CURRENT_USER（HKCU）。

该配置单元包含当前登录到由这个注册表服务的计算机上的用户配置文件，其子项包含环境变量、个人程序组、桌面设置、网络连接、打印机和应用程序首选项，它存储于用户配置文件的 ntuser.dat 中，它优先于 HKLM 中的相同关键字。这些信息是 HKEY_USERS 配置单元当前登录用户的 Security ID (SID)子项的映射。

③ HKEY_USER (HKU)。

该配置单元包含的子项含有当前计算机上所有的用户配置文件，其中一个子项总是映射为 HKEY_CURRENT_USER（通过用户的 SID 值）。另一个子项 HKEY_USERS\ DEFAULT 包含用户登录前使用的信息。

④ HKEY_CLASSES_ROOT (HKCR)。

该配置单元包含的子项列出了当前已在计算机上注册的所有 COM 服务器和与应用程序相关的所有文件扩展名。这些信息是 HKEY_LOCAL_MACHINE\SOFTWARE\Classes 子项的映射。

⑤ HKEY_CURRENT_CONFIG (HKCC)。

该配置单元包含的子项列出了计算机当前会话的所有硬件配置信息。硬件配置文件出现于 Windows NT 版本 4，它允许选择在机器某个指定的会话中支持哪些设备驱动程序，这些信息是 HKEY_LOCAL_MACHINE\SYSTEM\CurrentControlSet 子项的映射。

（5）注册表的维护

Windows 系统运行一段时间后就会逐渐变慢，甚至会慢到令人难以忍受的程度，似乎除了重新安装系统就没有其他选择。其实大多数时候系统变慢，只是太多的临时文件和注册表垃圾造成的，Windows 的注册表实际上是一个很庞大的数据库，包含了系统初始化、应用程序初始化等一系列 Windows 运行信息和数据。在一些不需要的软件卸载后，Windows 注册表中有关已经卸载的应用程序参数往往不能清除干净，会留下大量垃圾，使注册表逐步增大，臃肿不堪。

手动清理注册表是一件繁琐而又危险的事情，一般不提倡自己手动清理注册表的垃圾，可以使用注册表维护软件，非常方便。注册表清理软件有多种，如 Amigabit Registry Cleaner、超级兔子、Microsoft 的 RegCleaner，Wise Registry Cleaner 等。

2.2.2 账户安全配置

1. 账户授权

一个安全操作系统的基本原则是：最小的权限 + 最少的服务 = 最大的安全，因此对不同用户应授予不同的权限，尽量降低每个非授权用户的权限，使其拥有和身份相应的权限。

右击某个磁盘盘符（如 C 盘），在弹出的快捷菜单中选择“属性”命令，在弹出的对话框中切换至“安全”选项卡，如图 2-5 所示，单击“编辑”按钮设置权限。

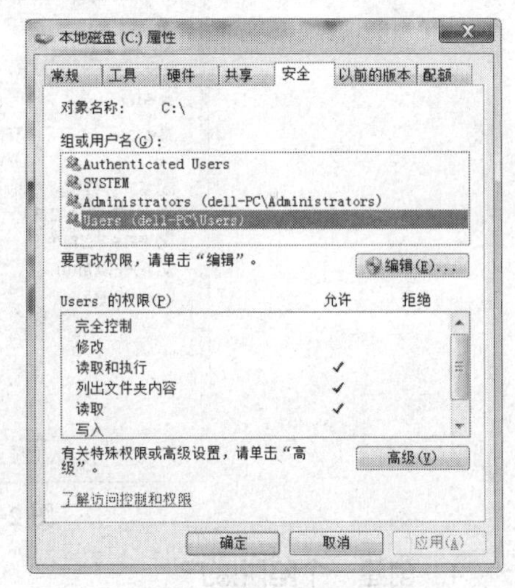

图 2-5 磁盘安全性设置

2. 重命名或者禁用 Administrator

绝大多数的黑客入侵，取得 root 权限后都将如入无人之境，账户的安全问题是重中之重。大家都知道，Administrator 级别账户可以有足够高的权限掌控 Windows，所以为 Administrator 起一个不被注意的名字就显得十分必要，但请不要使用 Admin 之类的名字，因为很多黑客工具的字典里，Admin 的猜解频繁度丝毫不比 Administrator 低。另外可以使用具有管理员权限的用户账户，把管理员账户禁用。

3. 停用 Guest 账户

由于 Guest 账户的存在往往会给系统的安全带来危害，基于大多数情况下该账户是不必要的，可以在计算机管理的用户里面把 Guest 账户停用。当然这种方式对于个人 PC 比较适用，如果经常遇到多用户登录或者受限登录的情况，最好为账户设置一个通用密码，以屏蔽外界网络的入侵。修改过程如图 2-6、图 2-7 所示。

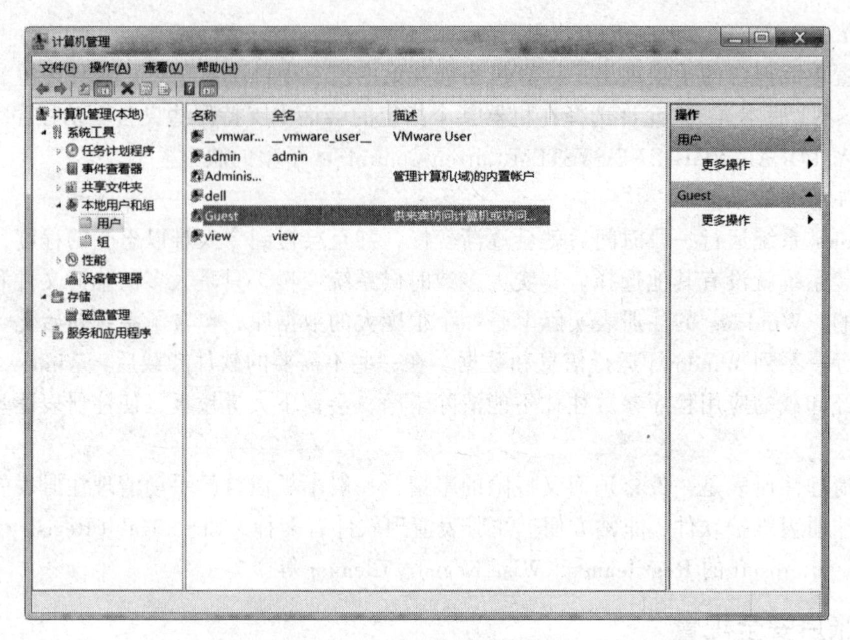

图 2-6　选择需要更改的账户

图 2-7　更改账户属性

4. 创建一个陷阱账户

所谓的陷阱账户是一个名为 Administrator 的本地账户，但把它的权限设置成最低，使它什么事也干不了，并且加上一个超过 10 位的非常复杂的密码。这样可以让那些企图入侵者忙上一段时间，并且可以借此发现他们的入侵企图。

5. 限制用户数量

去掉所有的测试账户、共享账户和普通部门账户等。对用户组策略设置相应权限，并且经常检查系统的账户，删除已经不使用的账户。账户是黑客入侵系统的突破口，系统的账户越多，黑客得到合法用户权限的可能性也就越大。

6. **开启账户策略**

开启账户策略可以有效地防止字典式攻击，设置如图 2-8 所示。

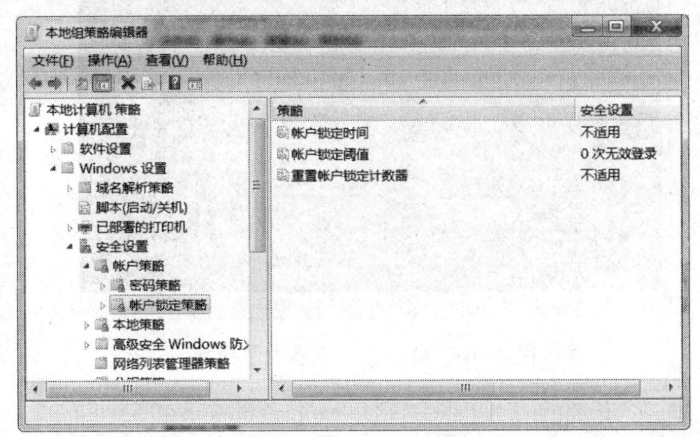

图 2-8　开启账户策略

2.2.3　系统安全设置

1. 密码安全设置

（1）开启密码策略

密码对系统安全非常重要，本地安全设置中的密码策略在默认情况下都没有开启。需要开启的密码策略如图 2-9 所示。

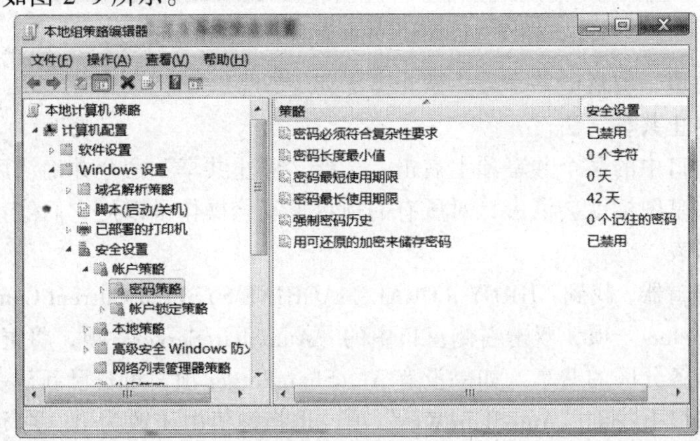

图 2-9　开启密码策略

（2）设置唤醒计算机时需要密码和屏保恢复密码

单击“开始”→“控制面板”→“硬件和声音”→“唤醒计算机时需要密码”选项，将“唤醒时的密码保护”下的“需要密码（推荐）”单选按钮选中，单击“保存修改”即可。（注意：没设置账户密码的用户必须要为账户设置密码，才能开启这个功能）

设置屏保恢复时需要密码，可在 Windows 7 桌面空白处右击，在弹出的快捷菜单中选择“个性化”命令，在相应的对话框里进行设置。

2. 共享安全

可通过命令方式（见图 2-10）或图形界面方式（见图 2-11）查看共享资源。

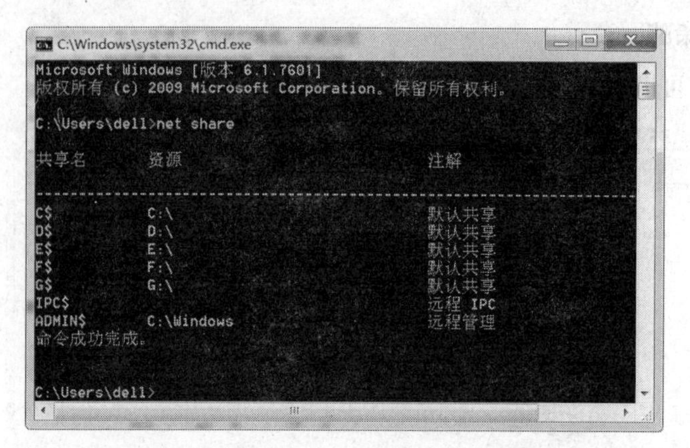

图 2-10　命令方式查看共享资源

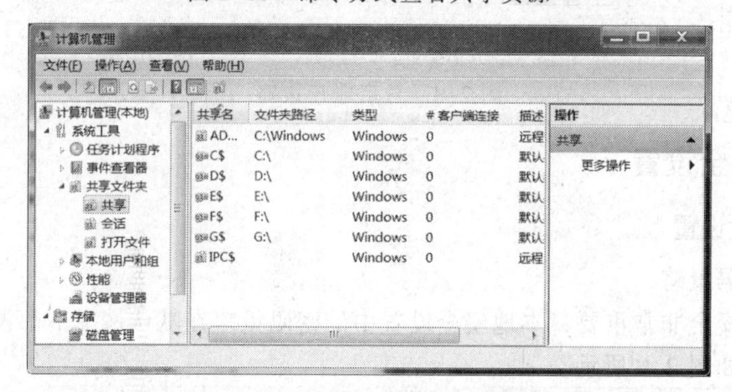

图 2-11　图形界面查看共享资源

这里有 IPC 通道、硬盘的共享等，禁止方法如下：

（1）右击“停止共享”法

在图 2-11 窗口中的某个共享项上右击，选择“停止共享”命令并确认后就会关闭这个共享，它下面的共享图标就会消失，对所有的项目重复该操作可以使它们停止共享。

（2）修改注册表

打开注册表编辑器，找到“HKEY_LOCAL_MACHINE\SYSTEM\Current ControlSet\Services\lanmanserver\parameters”项，双击右侧窗口中的“AutoShareServer”项，将键值由 1 改为 0，这样就能关闭硬盘各分区的共享。如果没有 AutoShareServer 项，可自己新建一个再改键值。然后还是在这一窗口下找到“AutoShareWks”项，也把键值由 1 改为 0，关闭 admin$共享。最后到“HKEY_LOCAL_MACHINE\SYSTEM\CurrentControlSet\Control\Lsa”项处找到“restrictanonymous”项，修改键值，关闭 IPC$共享。

注意：本法必须重启计算机，但一经改动就会永久停止共享。

（3）利用命令删除共享

net share c$ /delete（删除 C 盘共享，其他盘符类似）

net share ipc$ /delete（删除 IPC 共享）

或者打开记事本，输入以下内容（记得每行最后要回车），进行批处理。

net share ipc$ /delete

net share admin$ /delete

net share c$ /delete

net share d$ /delete

……

保存为一个后缀为 bat 的自动批处理文件名（比如 NotShare.bat），添加到“程序”→“启动”项，这样每次开机就会运行它，自动删除这些默认共享。如果需要开启某个或某些共享，只要重新编辑这个批处理文件即可（删掉相应的命令行）。

（4）停止服务法

在“计算机管理”窗口中，单击展开左侧的“服务和应用程序”并选中其中的“服务”选项，此时右侧就列出了所有服务项目，如图 2-12 所示。共享服务对应的名称是“Server”（在进程中的名称为 services），找到并双击，在弹出的对话框“常规”选项卡中把“启动类型”由原来的“自动”更改为“已禁用”。然后单击下面“服务状态”的“停止”按钮，确认，如图 2-13 所示。

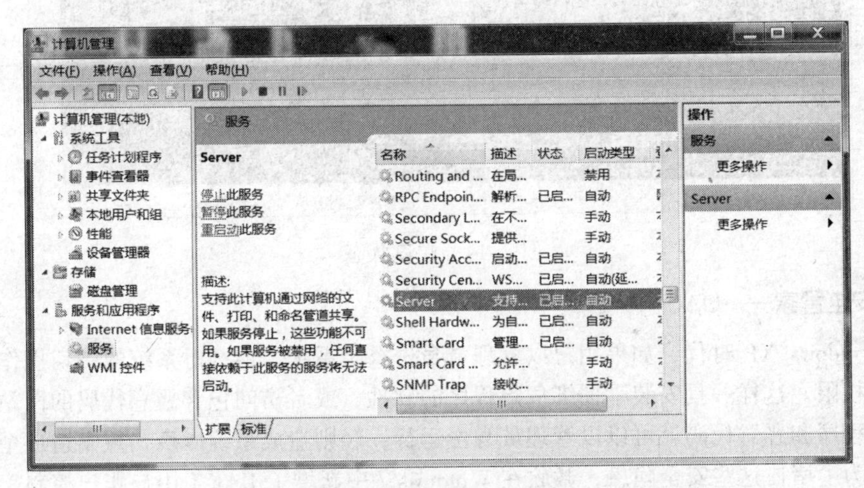

图 2-12　找到共享服务

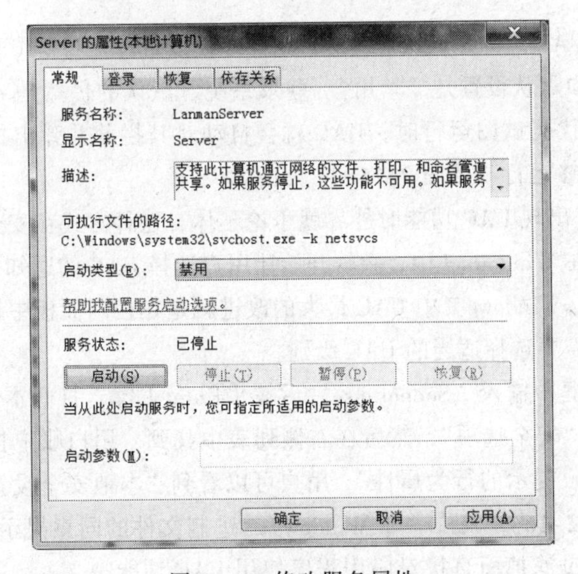

图 2-13　修改服务属性

3. 端口安全

系统中有一些端口是非常危险的，黑客们可以通过这些端口控制计算机，比如 3389 端口，在关闭之前需要了解计算机中开放的端口，在 CMD 下输入“netstat-ano”，看到开放了 135、139 等端口，如图 2-14 所示，需要将其禁止。

最后一列是 PID 号，关闭端口时要用 PID 号去关闭。

```
C:\Windows\system32\cmd.exe
TCP    192.168.1.100:52393    119.188.46.24:80      TIME_WAIT       0
TCP    192.168.1.100:52394    119.188.46.24:80      TIME_WAIT       0
TCP    192.168.1.100:52395    123.125.114.98:80     ESTABLISHED     7048
TCP    192.168.1.100:52396    123.125.114.98:80     TIME_WAIT       0
TCP    192.168.1.100:52397    119.188.46.51:80      SYN_SENT        8920
TCP    192.168.17.1:139       0.0.0.0:0             LISTENING       4
TCP    192.168.56.1:139       0.0.0.0:0             LISTENING       4
TCP    192.168.179.1:139      0.0.0.0:0             LISTENING       4
TCP    [::]:80                [::]:0                LISTENING       4
TCP    [::]:135               [::]:0                LISTENING       1016
TCP    [::]:445               [::]:0                LISTENING       4
TCP    [::]:49152             [::]:0                LISTENING       692
TCP    [::]:49153             [::]:0                LISTENING       580
TCP    [::]:49154             [::]:0                LISTENING       540
TCP    [::]:49155             [::]:0                LISTENING       796
TCP    [::]:49156             [::]:0                LISTENING       780
UDP    0.0.0.0:5355           *:*                                   1140
UDP    0.0.0.0:49290          *:*                                   1352
UDP    127.0.0.1:57596        *:*                                   2212
UDP    127.0.0.1:58121        *:*                                   5796
```

图 2-14　端口状态

4. 安全管家——UAC

在 Windows XP 时代，如果用户以管理员身份登录系统，那么对系统的一切操作就拥有了管理员权限。这样一旦安装了捆绑危险程序的软件，或者访问包含恶意代码的网站，那么这些危险程序和恶意代码就可以以管理员身份运行，轻则造成系统瘫痪，重则造成个人隐私的泄露，为了堵住这些安全隐患，微软在 Windows 7 中新增了 UAC（用户账户控制）组件来避免这种情况的发生。

在 Windows 7 中 UAC 组件是默认开启的，这样即使以管理员身份（非 Adminstrator 账户，该账户在 Windows 7 中默认设置是“禁用”）登录系统，默认的仍然是“标准用户”权限，这样危险程序和恶意代码试图运行时，UAC 就会自动对其拦截并弹出提示窗口，需要用户手动确认“是”才能够运行（见图 2-15）。

事实上，在 Vista 出现 UAC 功能时外界就争论不休，这种方式在安全性提高的同时却降低了用户体验。由此在 Windows 7 中，微软开始让用户选择 UAC 的通知等级，另外还改进了用户界面以提升体验。Windows 7 中 UAC 最大的改进就是在控制面板中提供了更多的控制选项，用户能根据自己需要选择适当的 UAC 级别。

在开始菜单搜索框中输入“Secpol.msc”后按【Enter】键，打开本地安全策略编辑器，选择“本地策略”→“安全选项”，然后在右侧列表中找到“用户账户控制：管理员批准模式中管理员的提升权限提示的行为属性”，用户可以看到“本地安全设置”中的下拉列表中共有 6 种选择（见图 2-16），其中“非 Windows 二进制文件的同意提示”选项可以很好地将 Windows 系统文件过滤掉而直接对应用程序使用 UAC 功能。

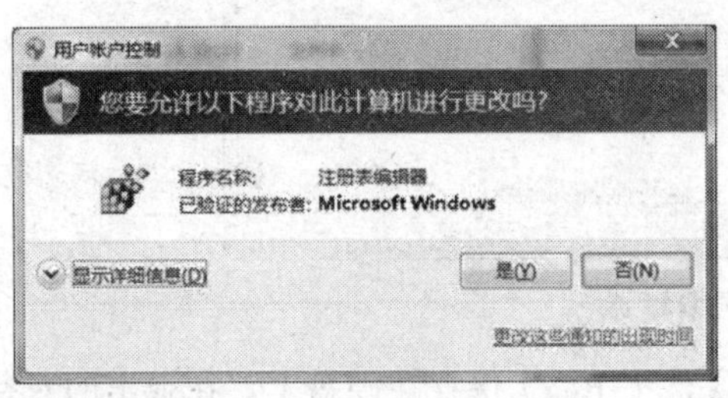

图 2-15 UAC 拦截提示窗口

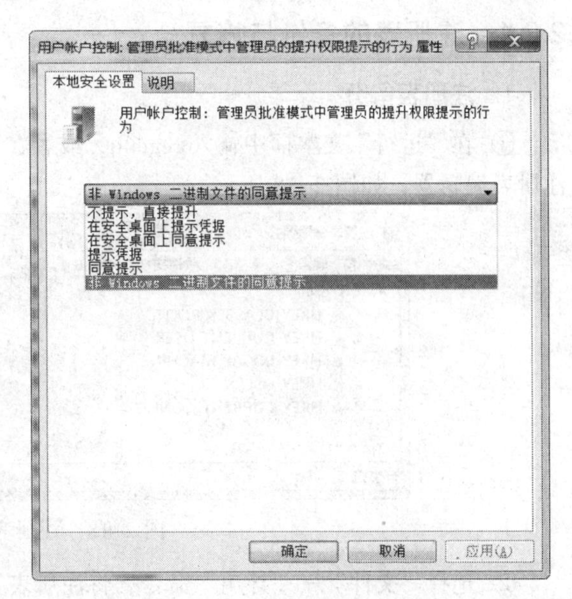

图 2-16 更丰富的 UAC 选项

另外一种直观的修改方法为进入控制面板的用户账户更改界面，单击“更改用户账户控制设置”，Windows 7 下的 UAC 设置提供了一个滑块允许用户设置通知的等级，可以选择 4 个等级，如图 2-17 所示。

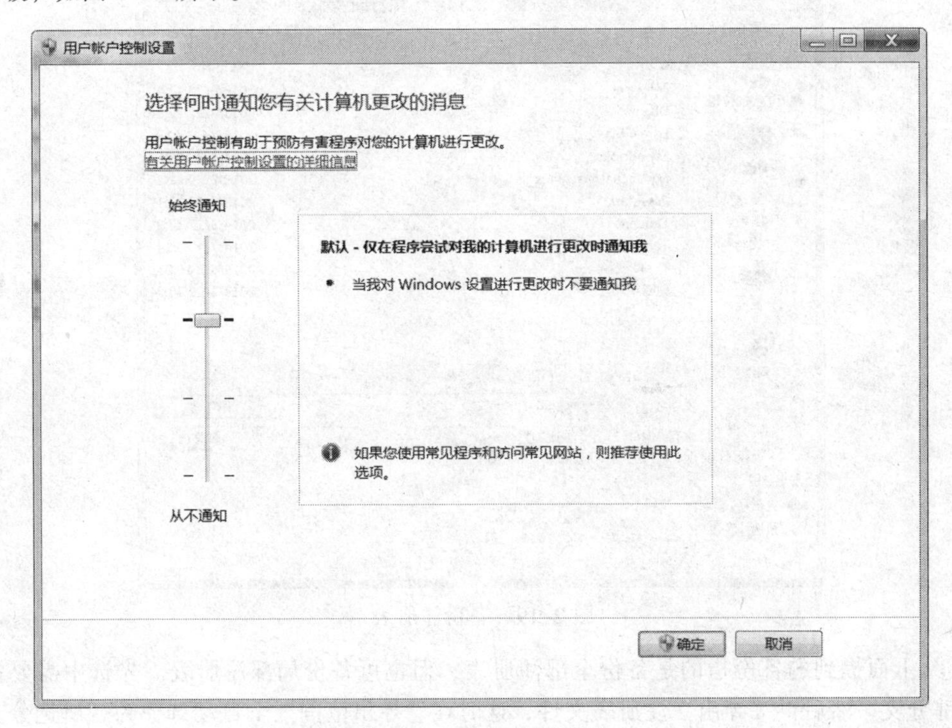

图 2-17 UAC 控制界面

2.2.4 注册表的备份与恢复

1. 注册表备份

① 在“运行”文本框中输入 regedit，或者在 Windows 目录下找到 regedit.exe，双击打开注册表编辑器，如图 2-18 所示。

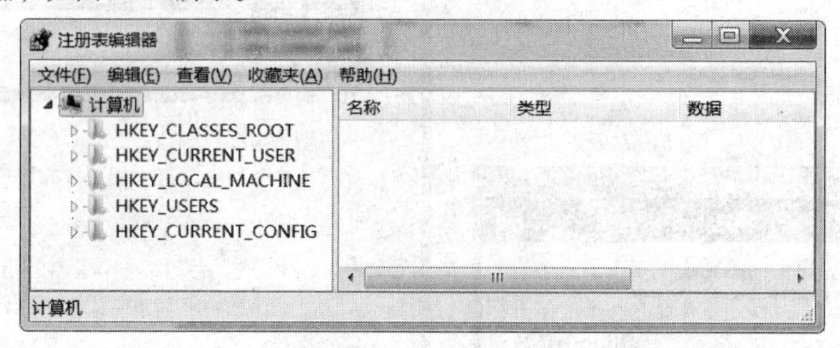

图 2-18 注册表编辑器

② 选择“文件”→“导出”命令，将注册表文件（.Reg）保存在硬盘上。在弹出的对话框中输入文件名 regedit，将“保存类型”选为默认的“注册文件”“导出范围”也设置为默认的“全部”，接下来选择文件存储位置，最后单击“保存”按钮（见图 2-19），就可将系统的注册表保存到硬盘上。

图 2-19 备份注册表

③ 上面提到的备份指的是备份全部注册表，但也可备份局部注册表。先选中需要备份的主键分支，然后再“导出”注册表文件，这时在“导出范围”下自动选择为“所选分支”并已输入了相应的主键值，输入文件名，单击“确定”按钮，便生成了扩展名为.reg 的注册表文件，如图 2-20 所示。

图 2-20　备份部分分支注册表

④ 由于注册表编辑器是带有权限限制的，所以当选中一个键值时，选择“编辑”→“权限”命令，弹出图 2-21 所示的对话框，分别单击各个用户组以修改不同的权限限制，最后单击“确定”按钮即可。

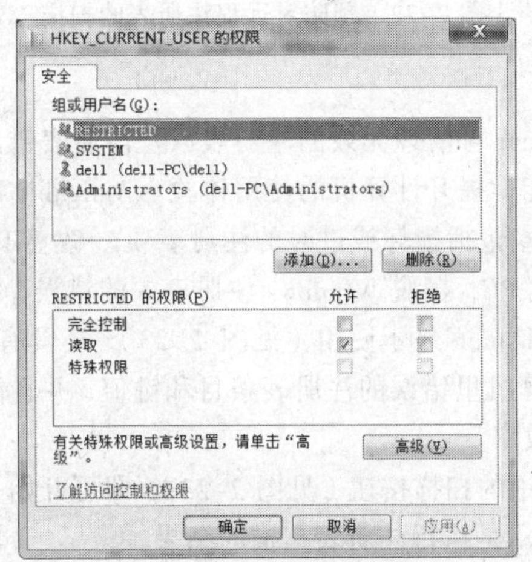

图 2-21　注册表用户权限

2. **注册表恢复**

① 恢复注册表的方法基本同备份的方法。打开注册表编辑器，选择“文件”→“导入”命令，找到备份注册表文件的位置，选择的注册表备份文件会覆盖当前的注册表文件。关闭注册表编辑器后，当前 Windows 的所有设置就全部恢复到原来备份的系统状态。

小提示：如果用户没有把握，在修改之前，一定要备份注册表，否则一旦出现问题就只有重装本机的操作系统了。

② 预防对 Windows 的远程注册表的扫描。通常在默认状态下，Windows 的远程注册表访问路径不是空的，黑客很容易利用扫描器通过远程注册表访问到系统中的相关信息。为了安全起见，应该将远程可以访问到的注册表路径全部清除，以便切断远程扫描通道。操作方

法如下：打开“运行”对话框，输入 gpedit.msc，打开“组策略编辑器”窗口，然后展开“计算机配置”→“Windows 设置”→“安全设置”→“本地策略”→“安全选项”，双击“网络访问：可远程访问的注册表路径和子路径”选项，在弹出的对话框中，将远程可以访问到的注册表路径信息全部清除，如图 2-22 所示。

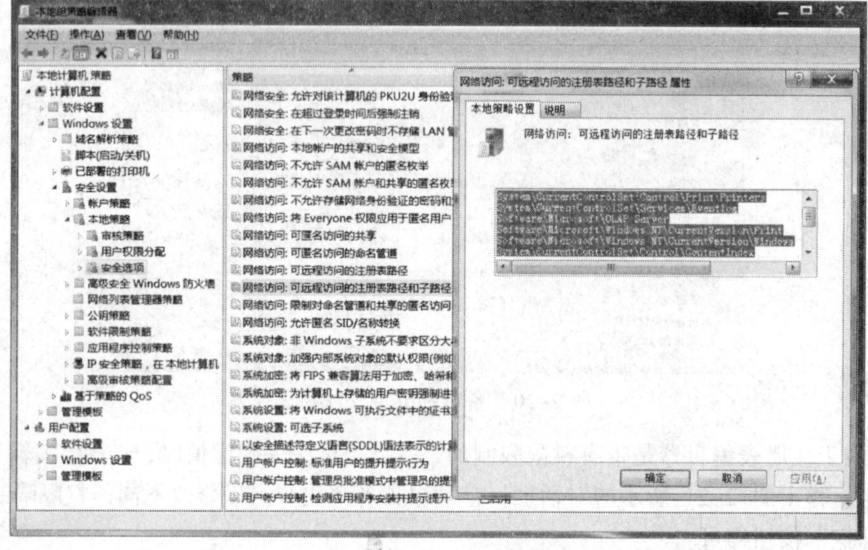

图 2-22　预防对远程注册表的扫描

3. 注册表维护

Amigabit Registry Cleaner 可清理无效的注册表以及注册表错误，提高应用程序的响应时间，大大提高计算机的性能，提升计算机的使用体验。Amigabit Registry Cleaner 还可发现并修复 Windows 的问题和错误(包括损坏或过时的注册表项)，改善 PC 稳定性，防止死机、系统崩溃、缓慢等，清理和优化 PC，摆脱 Windows 注册表中的错误，获得一个更清洁、更快速的系统。Amigabit Registry Cleaner 易于使用（见图 2-23），还具有备份和还原功能。Amigabit Registry Cleaner 能扫描计算机里错误的注册表条目和键值，并且能够安全地将这些没用的条目删除，提升计算机运行效率。

① 扫描。单击主窗体中的扫描按钮（见图 2-23），即可开始一个新的扫描，执行对注册表问题的检测，图 2-24 所示是执行注册表扫描的结果。

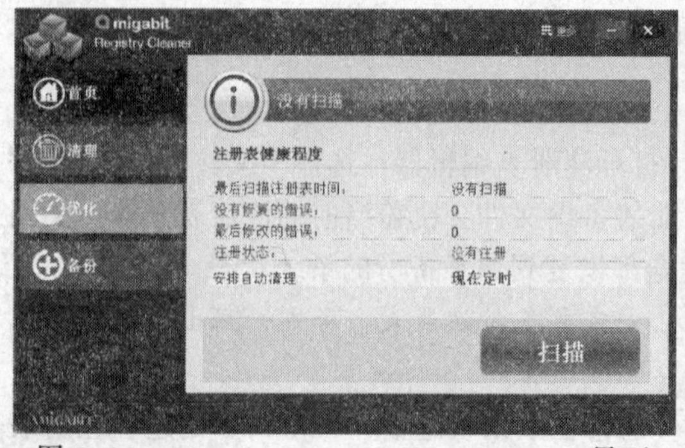

图 2-23　Amigabit Registry Cleaner 1.0.3.0 界面

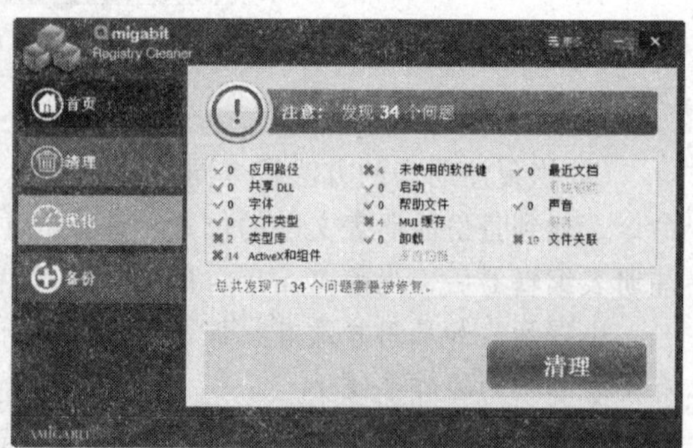

图 2-24　扫描结束

② 清理。检测到注册表问题后，只需单击“清理”按钮，即可对已选择的被检测到的

注册表问题进行修复及清理。此外，由于注册表的修复及清理操作有一定的风险，因此最好在执行修复清理操作前备份当前系统注册表。以后万一发现注册表清理后发生故障可以及时将其恢复到执行操作前的稳定状态。

小知识

为了确保 Windows 在网络应用中的安全，避免资源遭到破坏，在配置、使用 Windows 的过程中应该注意遵守一定的操作规程。作为基本的安全措施，应该注意以下几点：

① 在人员配置上，应该对用户进行分类，划分不同的用户等级，规定不同的用户权限。

② 对资源进行区分，划分不同的共享级别。例如：只读、安全控制、备份等。

③ 给不同的用户分配不同的账户、密码。并且规定密码的有效期，对其进行动态的分配和修改，保证密码的有效性。

④ 在使用软件时应该先检查是否带有病毒，防止病毒的进入。定期对系统进行病毒检查，消除隐患。

Windows 7 为用户提供了优秀的安全保障措施，只要用好这些安全功能，并不需要借助第三方软件，用户就能够享受到总统级的安全享受。当然，想要系统更加安全，良好的计算机和网络使用习惯也非常重要，这将让安全威胁降到最低。

习题

1. 网络安全橙皮书是什么？包含哪些内容？
2. 删除硬盘 D 的默认共享命令是(　　)。

   A. net share d$:　　　　B. del net share d$:

   C. net share d$ /del　　D. net share/del d$
3. 如何关闭不必要的端口和服务？
4. 使用魔方电脑大师软件对 Windows 7系统进行以下安全设置：

   (1) 关闭默认共享，封锁系统后门；

   (2) 修改组策略，加固系统注册表；

   (3) 锁定重要功能，防止病毒盗用；

   (4) 禁止自动运行，阻止病毒传播；

   (5) 系统功能限制，确保系统安全；

   (6) 清除历史记录，保护个人隐私。
5. 使用 Wise Registry Cleaner 进行注册表的维护。
6. 通过设置组策略让系统只认自己的U盘。

2.3　个人计算机应用安全管理

2.3.1　病毒与恶意软件

1. 相关概念

(1) 恶意代码

代码指的是计算机程序代码，它可以执行完成特定功能。任何事物都有正反两面，人类

发明的所有工具既可造福也可破坏，这完全取决于使用工具的人。计算机程序也不例外，在软件工程师们编写了大量有用软件（操作系统、应用系统和数据库系统等）的同时，黑客们也在编写扰乱社会和他人的计算机程序，这些程序代码统称为恶意代码（Malicious Codes）。

恶意代码定义为，经过存储介质和网络进行传播，从一台计算机系统到另外一台计算机系统，未经授权认证破坏计算机系统完整性的程序或代码。它包括计算机病毒（Computer Virus）、蠕虫（Worms）、特洛伊木马（Trojan Horse）、逻辑炸弹（Logic Bombs）、病菌（Bacteria）、用户级 RootKit、核心级 RootKit、脚本恶意代码（Malicious Scripts）和恶意 ActiveX 控件等。

AT&T 实验室的 S. Bellovin 曾经对美国计算机紧急响应小组（Computer Emergency Response Team，CERT）提供的安全报告进行过分析，分析结果表明，大约 50%的计算机网络安全问题是由软件工程中产生的安全缺陷引起的，其中，很多问题的根源都来自于操作系统的安全脆弱性。互联网的飞速发展为恶意代码的广泛传播提供了有利的环境，互联网具有开放性的特点，但缺乏中心控制和全局视图能力，无法保证网络主机都处于统一的保护之中。计算机和网络系统存在设计上的缺陷，这些缺陷会导致安全隐患。尽管人们为保证系统和网络基础设施的安全做了诸多努力，但遗憾的是，系统的脆弱性终究不可避免。各种安全措施只能减少，但不能杜绝系统的脆弱性，而测试手段也只能证明系统存在脆弱性，却无法证明系统不存在脆弱性。而且，为满足实际需求，信息系统的规模越来越大，安全脆弱性的问题会越来越突出。随着这些脆弱性逐渐被发现，不断会有针对这些脆弱性的新的恶意代码出现。总而言之，在信息系统的层次结构中，包括从底层的操作系统到上层的网络应用在内的各个层次都存在着许多不可避免的安全问题和安全脆弱性。而这些脆弱性的不可避免，直接导致了恶意代码的必然存在。

恶意代码的行为表现各异，破坏程度千差万别，但基本作用机制大体相同，其整个作用过程分为 6 个部分。

① 侵入系统。侵入系统是恶意代码实现其恶意目的的必要条件。

② 维持或提升现有权限。恶意代码的传播与破坏必须盗用用户或者进程的合法权限才能完成。

③ 隐蔽策略。为了不让系统发现恶意代码已经侵入系统，恶意代码可能会改名、删除源文件或者修改系统的安全策略来隐藏自己。

④ 潜伏。恶意代码侵入系统后，等待一定的条件，并具有足够的权限时，就发作并进行破坏活动。

⑤ 破坏。恶意代码的本质具有破坏性，其目的是造成信息丢失、泄密，破坏系统完整性等。

⑥ 重复①～⑤对新的目标实施攻击过程。

（2）病毒

由于 Windows 系统的普及，病毒制造者根据 Windows 系统的特点及可执行文件的结构编写 Windows 病毒，产生部分传统型 Windows 病毒，如 CIH 病毒（CIH 病毒是直接破坏计算机系统硬件的病毒）。另一类 Windows 病毒是放弃对可执行文件的破坏，转向具备宏功能的文档。早在 1995 年，首次出现了针对 Word 6.0 文档的宏病毒（该病毒是感染 Word 文档，而不是感染软硬盘或可执行文件）。

宏是定制的命令，由一系列 Word 命令和动作组成，可使用 Word Basic 宏语言来创建复杂的宏，执行宏时将这些命令或动作激活，宏可以对所有的文档有效，也可以只对那些基于特定模板的文档有效。例如，打开文档时，首先执行系统内部模板或当前模板的 FileOpen 宏；打开该文档后，再根据该文档所对应的模板执行 AutoOpen 宏。因此，当打开一个带有病毒的模板后，该模板可以通过执行其中的宏程序（如 AutoOpen），将自身携带的病毒宏程序复制到 Word 文档系统的通用模板中。若使用带病毒模板对文件进行操作（如存盘等），就能将该文档重新存盘为带病毒模板的文件，即由原来不带宏程序的纯文本文件转换为带病毒的模板文件。

2. 宏病毒的清除与预防

（1）宏病毒的清除

除了使用杀毒软件清除宏病毒外，还可以使用手工方法来清除宏病毒。

① 手工清除宏病毒的方法：

- 打开宏菜单，在通用模板中删除被认为是病毒的宏；
- 打开带有病毒宏的文档（模板），然后打开宏菜单，在通用模板和病毒文件名模板中删除被认为是病毒的宏；
- 保存清洁文档。

特别值得注意的是，低版本 Word 模板中的宏病毒在更高版本的 Word 中才能被发现并清除，英文版 Word 模板中的病毒可在相应或更高的中文版 Word 中被发现并清除。

② 杀毒工具清除宏病毒的方法：

手工清除宏病毒总是比较烦琐而且不可靠，用杀毒工具自动清除宏病毒是理想的解决办法，方法有以下两种。

- 用 Word Basic 语言以 Word 模板方式编制杀毒工具，在 Word 环境中杀毒。因为该方法在 Word 环境中杀毒，所以杀毒准确，兼容性好。
- 根据 Word BFF 格式，在 Word 环境外解剖病毒文档，去掉病毒宏。由于各个版本的 Word BFF 格式都不完全兼容，每次 Word 升级，它也必须跟着升级，兼容性差。

（2）宏病毒的预防

除了用杀毒软件预防宏病毒以外，还可以使用 Word 本身的设置进行预防。

① 在 Word 中设置安全级别预防宏病毒。

- 打开 Word，选择"工具"→"选项"命令，在弹出的选项对话框中选择其中的"安全性"选项卡，如图 2-25 所示。

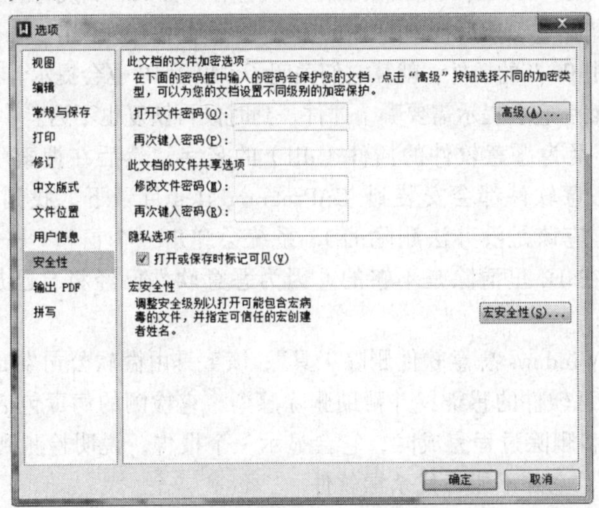

图 2-25 "安全性"选项卡

• 单击“宏安全性”按钮，修改安全级别。

② 卸载 VBA，彻底预防宏病毒。

3. **恶意软件防范**

网络用户在浏览一些恶意网站或者从不安全的站点下载游戏或其他程序时，往往会连同恶意程序一并带入自己的计算机，而用户本人对此毫不知情。直到有恶意广告不断弹出或色情网站自动出现时，用户才有可能发觉计算机已“中毒”。在恶意软件未被发现的这段时间，用户网上的所有敏感资料都有可能被盗走，如银行账户信息、信用卡密码等。这些让受害者的计算机不断弹出色情网站或者恶意广告的程序就叫做恶意软件。

恶意软件其本身可能是一种病毒、蠕虫、后门或漏洞攻击脚本，它通过动态地改变攻击代码逃避入侵检测系统的特征检测。攻击者常常利用这种多变代码进入互联网上的一些带有入侵侦测的系统。恶意软件具有以下 8 大特征：

① 强制安装，指未明确提示用户或未经用户许可，在用户计算机或其他终端上安装软件的行为；

② 难以卸载，指未提供通用的卸载方式或不受其他软件影响和人为破坏的情况下卸载后仍然有活动程序的行为；

③ 浏览器劫持，指未经用户许可，修改用户浏览器或相关设置，迫使用户访问特定网站或导致用户无法正常上网的行为；

④ 广告弹出，指未明确提示用户或未经用户许可，利用安装在用户计算机或其他终端上的软件弹出广告的行为；

⑤ 恶意收集用户信息，指未明确提示用户或未经用户许可，恶意收集用户信息的行为；

⑥ 恶意卸载，指未明确提示用户或未经用户许可误导、欺骗用户卸载其他软件的行为；

⑦ 恶意捆绑，指在软件中捆绑已被认定的恶意软件的行为；

⑧ 其他侵害用户软件安装、使用和卸载知情权、选择权的恶意行为。

假设计算机上已经有了恶意软件，恶意软件都会想利用 IE 进行捆绑，选择 IE 的“工具”→“Internet 选项”命令，在弹出的对话框中选择“程序”选项卡，单击“管理加载项”按钮，然后会列出很多 IE 插件，用户要做的只是观察插件的发行者。如果看到发行者前面有个“未验证”的话，妥善的做法是禁用它，然后把不是 Microsoft 的都禁用了。不用担心会关闭某些有用的插件，比方说播放网页中 flash 的插件，就算它们关闭了，以后 IE 也会提示。在状态栏上有个齿轮的图标，双击打开，然后它会提示需要哪个插件，到时候再恢复也不迟。

记录下刚才被怀疑为恶意软件的插件（dll）的名字，然后在搜索中对系统进行搜索。一般来说，大部分恶意软件都会安装到 C:\ProgramFiles\目录下，找到恶意软件安装的文件夹，先尝试删除（应该是没办法删除的），系统会弹出一个窗口——“××文件正在被使用”，那么说明只在 IE 里清除是不够的，因为恶意软件已经将自己加载到 rundll32.exe 进程中了。

用户可以借助“Windows 恶意软件删除工具”，该工具由微软公司发布，可用于检查计算机是否受到流行的恶意软件的感染，并帮助删除感染。它检测的病毒包括 Blaster、Sasser 和 Mydoom 等，当检测和删除过程完成时，它会显示一个报告，说明检测到并删除了哪些恶意软件。需要注意的是，它并不能替代杀毒软件。

4. 杀毒软件的使用

杀毒软件，也称反病毒软件或防毒软件，是用于消除计算机病毒、特洛伊木马和恶意软件等计算机威胁的一类软件。杀毒软件通常集成监控识别、病毒扫描清除和自动升级等功能，有的杀毒软件还带有数据恢复等功能，是计算机防御系统的重要组成部分。

常见杀毒软件有 360 杀毒、金山毒霸、瑞星杀毒软件等，以金山毒霸为例，用户可以从网上下载最新的金山毒霸杀毒软件，按照安装的提示步骤进行安装。金山毒霸的主界面如图 2-26 所示。

图 2-26　金山毒霸的主界面

单击主菜单中的设置，可以对软件进行相应的设置，如图 2-27 所示。

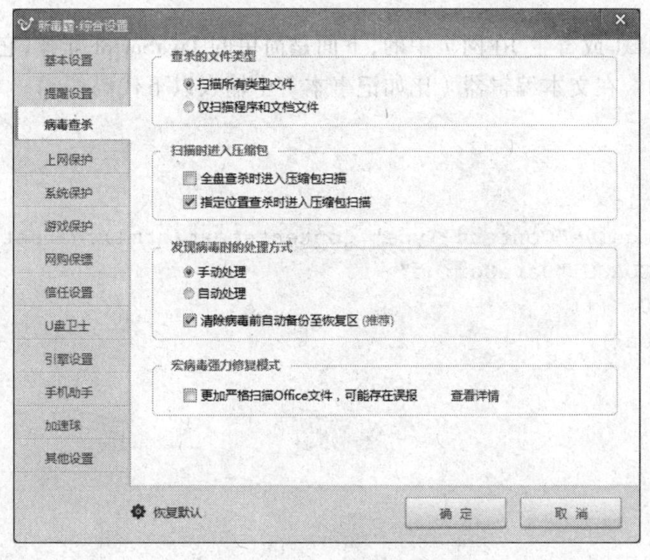

图 2-27　防毒设置

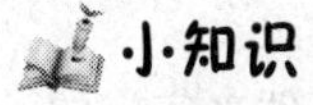小知识

恶意代码生存技术主要包括4方面：反跟踪技术、加密技术、模糊变换技术和自动生产技术。

反跟踪技术可以减少被发现的可能性，加密技术是恶意代码保护自身的重要机制。

2.3.2 IE 与网络浏览安全

1. IE 安全设置

IE 浏览器可以进行以下几方面的设置：

① 历史记录。

② 自动完成。

③ 脚本设置。

④ Cookies 陷阱。

⑤ 信息限制。

⑥ 本地 Internet 安全选项配置。

2. 网络浏览安全

（1）网页炸弹的防御

很多用户都有过这样的经历，当浏览网页并单击了某个链接后，浏览器会出现一些反常的迹象：不断弹出窗口、死机、硬盘被格式化……出现这些现象的原因多半是遭到了网页炸弹的袭击。

目前，网页炸弹通常都是借助于 JavaScript、Java Applet 和 ActiveX 控件来实施袭击。由于在 Windows 系统平台上可以运行各种各样的程序，而 IE 也是一个网页运行平台，在 IE 这个平台上也可以运行一些"小程序"，JavaScript、Java Applet 和 ActiveX 控件就是这样的程序。若运行了使用 JavaScript、Java Applet 和 ActiveX 控件等编写的恶意小程序，就会导致上述情况的发生。

网页炸弹是隐藏（或寄生）在网页中的，下面是简单的 JavaScript 炸弹，它是利用 JavaScript 中的循环来实现的。在文本编辑器（比如记事本）中输入以下代码：

```
<HTML>
<HEAD>
<title></title>
<meta http-equiv="Content-Type" Content=text/html;charset=gb2312>
<SCRIPT LANGUAGE="JavaScript">
For(i=1;i<20;i++)
{ window.open();
}
</script>
</HEAD>
</BODY>
</BODY>
</HTML>
```

将其保存为.html 文件，双击该文件，会连续弹出 20 个 IE 窗口。若将程序中循环的终值由 20 改为 10 000 000，会发生什么情况呢？

由于各种恶意修改和网页炸弹都是通过 JavaScript、Java Applet 或 ActiveX 控件来实施的，因此只要在 IE 设置中将它们全部禁止，就可以避免针对 IE 的攻击。具体步骤如下：

① 打开 IE 浏览器，选择“工具”→“Internet 选项”命令，在弹出的对话框中选择“安全”选项卡，单击“自定义级别”按钮，弹出“安全设置”对话框。

② 将其中的“ActiveX 控件和插件”“脚本”的相关选项都选中“禁用”单选按钮，如图 2-28 所示。

还可以通过关闭“远程注册表操作服务”的方式来进行防御。具体方法是：选择“控制面板”→“管理工具”→“服务”命令，找到并双击“Remote Registry”服务，弹出“Remote Registry 的属性（本地计算机）”对话框，在“启动类型”下拉列表框中选择“禁用”选项，如图 2-29 所示。

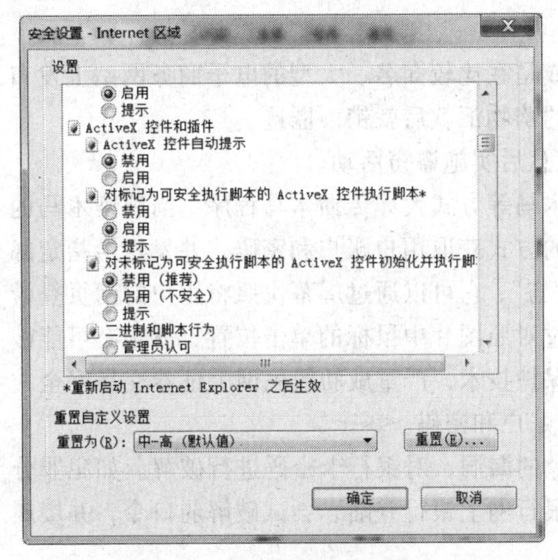

图 2-28 “安全设置”对话框

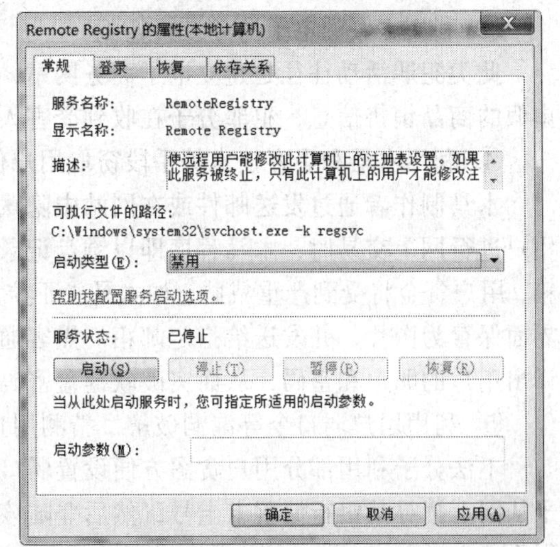

图 2-29 关闭“远程注册表操作服务”

（2）“网络钓鱼”

目前网上一些利用“网络钓鱼”手法，如建立假冒网站或发送含有欺诈信息的电子邮件，盗取网上银行、网上证券或其他电子商务用户的账户密码，从而窃取用户资金的违法犯罪活动不断增多。钓鱼网站是与正规的交易网站外观极其相似的欺骗性非法网站。

网络钓鱼的主要手段有以下几种：

① 发送电子邮件，以虚假信息引诱用户中圈套。

诈骗分子以垃圾邮件的形式大量发送欺诈性邮件，这些邮件多以中奖、顾问、对账等内容引诱用户在邮件中填入金融账户和密码，或是以各种紧迫的理由要求收件人登陆某网页提交用户名、密码、身份证号、信用卡号等信息，继而盗窃用户资金。

② 建立假冒网上银行、网上证券网站，骗取用户账户密码实施盗窃。

犯罪分子建立起域名和网页内容都与真正网上银行系统、网上证券交易平台极为相似的网站，引诱用户输入账户密码等信息，进而通过真正的网上银行、网上证券系统或者伪造银行储蓄卡、证券交易卡盗窃资金；还有的利用跨站脚本，即利用合法网站服务程序上的漏洞，在站点的某些网页中插入恶意 html 代码，屏蔽住一些可以用来辨别网站真假的重要信息，利用 Cookies 窃取用户信息。

如曾出现过的某假冒银行网站，网址为 http://www.1cbc.com.cn，而真正的银行网址是 http://www.icbc.com.cn，犯罪分子利用数字 1 和字母 i 非常接近的特点企图蒙蔽粗心的用户。

又如某假公司网站，网址为 http://www.1enovo.com，而真正的网址为 http://www.lenovo.com，诈骗者利用了小写字母 l 和数字 1 很接近的障眼法，通过 QQ 散布“XX 集团和 XX 公司联合赠送 Q 币”的虚假消息，引诱用户访问，一旦访问该网站，首先生成一个弹出窗口，上面显示“免费赠送 Q 币”的虚假信息。而就在该弹出窗口出现的同时，恶意网站主页面在后台即通过 IE 漏洞下载病毒程序 lenovo.exe（TrojanDownloader.Rlay），并在 2 s 后自动转向到真正的网站主页，用户在毫无觉察中就感染了病毒。病毒程序执行后，将下载该网站上的另一个病毒程序 bbs5.exe，用来窃取用户的传奇账户、密码，当用户通过 QQ 聊天时，还会自动发送包含恶意网址的消息。

③ 利用虚假的电子商务进行诈骗。

此类犯罪活动往往是建立电子商务网站，或是在比较知名、大型的电子商务网站上发布虚假的商品销售信息，犯罪分子在收到受害人的购物汇款后就销声匿迹。

④ 利用木马和黑客技术等手段窃取用户信息后实施盗窃活动。

木马制作者通过发送邮件或在网站中隐藏木马等方式大肆传播木马程序，当感染木马的用户进行网上交易时，木马程序即以键盘记录的方式获取用户账户和密码，并发送给指定邮箱，用户资金将受到严重威胁。如木马“证券大盗”，它可以通过屏幕快照将用户的网页登录界面保存为图片，并发送给指定邮箱。黑客通过对照图片中鼠标的单击位置，就很有可能破译出用户的账户和密码，从而突破软键盘密码保护技术，严重威胁股民网上证券交易安全。

⑤ 利用用户弱口令等漏洞破解、猜测用户账户和密码。

不法分子利用部分用户贪图方便设置弱口令的漏洞，对银行卡密码进行破解。如犯罪分子从网上搜寻某银行储蓄卡卡号，然后登陆该银行网上银行登陆，尝试破解弱口令，并屡屡得手。

实际上，不法分子在实施网络诈骗的犯罪活动过程中，经常采取以上几种手法交织、配合进行，还有的通过手机短信、QQ、MSN 进行各种各样的“网络钓鱼”不法活动。

（3）网络钓鱼的防范

针对以上不法分子通常采取的网络欺诈手法，广大网上电子金融、电子商务用户可采取如下防范措施。

① 针对电子邮件欺诈，广大网民如收到可疑邮件，就要提高警惕，不要轻易打开和相信。

② 针对假冒网上银行、网上证券网站的情况，广大网上电子金融、电子商务用户在进行网上交易时要注意做到以下几点：

- 核对网址，看是否与真正网址一致。
- 选妥和保管好密码，不要选诸如身份证号码、出生日期、电话号码等作为密码，建议用字母、数字混合密码，尽量避免在不同系统使用同一密码。
- 做好交易记录，对网上银行、网上证券等平台办理的转账和支付等业务做好记录，定期查看“历史交易明细”和打印业务对账单。如发现异常交易或差错，立即与有关单位联系。
- 管理好数字证书，避免在公用的计算机上使用网上交易系统。
- 对异常动态提高警惕，如不小心在陌生的网址上输入了账户和密码，并遇到类似“系统维护”之类的提示时，应立即拨打有关客服热线进行确认，万一资料被盗，应立即修改相关交易密码或进行银行卡、证券交易卡挂失。

- 通过正确的程序登陆支付网关，通过正式公布的网站进入，不要通过搜索引擎找到的网址或其他不明网站的链接进入。

③ 针对虚假电子商务信息的情况，可留意观察是否存在交易方式单一，被各种理由要求汇款等，存在这种情况，需要提高警惕。

④ 其他网络安全防范措施：

- 安装防火墙和防病毒软件，并经常升级。
- 注意经常给系统打补丁，堵塞软件漏洞。
- 禁止浏览器运行 JavaScript 和 ActiveX 代码。
- 不要上一些不太了解的网站，不要执行从网上下载后未经杀毒处理的软件，不要打开 MSN 或者 QQ 上传送过来的不明文件。
- 提高自我保护意识，妥善保管自己的私人信息，如本人证件号码、账户、密码等，不向他人透露，尽量避免在网吧等公共场所使用网上电子商务服务。

2.3.3 网络应用安全防范

1. 电子邮件的安全防范

（1）E-mail 邮箱入侵与防御

目前，入侵 E-mail 的主要目的是窃取邮箱密码，入侵的方式主要有针对 POP3 邮箱的密码猜测攻击和针对 Web 邮箱的密码猜测攻击。

① 针对 POP3 邮箱的密码猜测攻击：由于在使用 POP3 服务时，用户发送密码信息在服务器端进行身份验证，因此攻击者可以通过发送 POP3 连接登陆请求和密码信息来猜测用户邮箱的密码。比如可以使用“流光”软件破解 POP3 邮箱密码。

② 针对 Web 邮箱的密码猜测攻击：对于以 Web 方式登录的 E-mail 服务器，虽然可以防止攻击者使用 POP3 服务器猜测邮箱密码，但是由于用户的账户和密码是以 HTTP 请求方式发送至 E-mail 服务器的，因此攻击者可以通过发送 HTTP 请求来进行密码猜测。例如可以使用“溯雪”软件对 Web 邮箱的密码进行破解。

③ 抵御 E-mail 密码攻击的方法：加强 E-mail 密码的安全性，密码要选择数字、英文字母（包括大小写）和特殊字符的组合，切忌使用所崇拜的偶像名字、生日和喜爱的数字等作为 E-mail 密码，同时注意不定期更换密码。

（2）E-mail 炸弹攻击与防御

E-mail 炸弹攻击的思路是利用特定的工具软件，在一段时间内集中向目标机发送大量垃圾信息或发送超出系统接收范围的信息，使目标机出现负载过重、网络堵塞等，从而造成目标机拒绝服务，以致系统崩溃。

由于邮件需要空间来保存，而到来的邮件信息也需要邮件系统来处理，过多的邮件会加剧网络连接的负担，消耗大量的存储空间；过多的邮件投递会导致系统日志文件容量巨大，甚至溢出文件系统，这将会给操作系统带来风险；除了操作系统有崩溃的危险之外，由于大量的垃圾邮件涌来，将会占用大量的处理器时间和占据大量的带宽，造成正常用户访问速度急剧下降。因此 E-mail 炸弹造成的危害是严重的。此外，对于大量的个人免费邮箱来说，由于邮箱容量是有限的，一旦邮箱容量超过限定容量，邮件系统将会拒绝服务，即是所谓的邮箱被“挤爆”了。

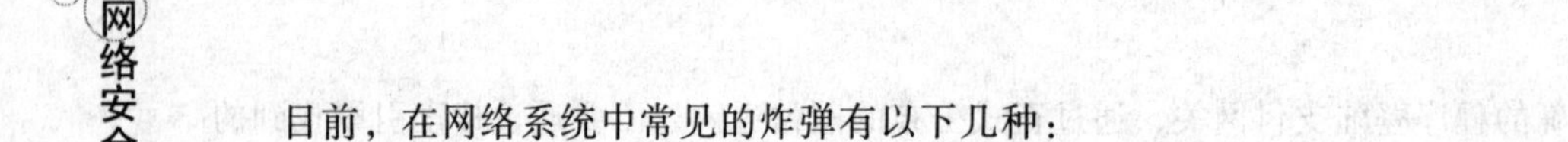

目前，在网络系统中常见的炸弹有以下几种：

① IP 炸弹。利用 Windows 系统协议的漏洞进行攻击，针对 IP 地址进行“轰炸”，使目标系统断线、死机、蓝屏或重新启动。

② E-mail 炸弹。以容量大的邮件（隐藏发送地址）反复发送到被攻击的邮箱，造成信息溢出（挤爆），使被攻击邮箱不能收到邮件，严重的会使邮件服务器瘫痪，不能正常工作。

③ Java 炸弹。由于一些聊天室中可以直接发送 HTML 语句，攻击者通过发送恶意代码，使具有漏洞的目标机蓝屏、浏览器打开无数个窗口或显示巨大的图标，最终使目标机资源耗尽而死机。

④ 硬盘炸弹。一般表现为假 0 道损坏，使硬盘不能启动，是炸弹中危害性最大的之一。

排除“E-mail 炸弹”的基本方法就是直接将“炸弹”邮件从邮件服务器中删除。

（3）垃圾邮件的防御

垃圾邮件的种类繁多，给广大用户带来了很大的影响。这种影响不仅是要花费人们大量的时间，而且也带来了诸多安全问题。首先，垃圾邮件占用了大量的网络资源，一些邮件服务器因为安全性差，被作为垃圾邮件中转站而被警告、封 IP 地址等事件时常发生，大量消耗的网络资源使得正常的业务运作变得缓慢；其次，随着国际上反垃圾邮件的发展，组之间的黑名单共享使得无辜的服务器被大范围地屏蔽，这无疑给正常用户的使用造成了严重的影响；更为严重的是，垃圾邮件与入侵病毒等结合也越来越紧密，垃圾邮件俨然已成为黑客发动攻击的重要平台。比如，“清醒变种 H 蠕虫病毒”在系统目录中释放病毒体，向外大量散发病毒邮件，传播速度极快；“瑞波变种 XG 蠕虫”集后门等功能于一身，恶意攻击者可以利用此病毒远程控制中毒的计算机，对外发动攻击或偷窃用户的资料等。

① 反垃圾邮件技术。目前，反垃圾邮件主要采取关键词过滤、黑名单和白名单、Hash、基于规则的过滤、智能和概率等技术。

- 关键词过滤技术通常是创建一些简单或复杂的与垃圾邮件关联的单词来识别和处理垃圾邮件。比如某些大量出现在垃圾邮件中的关键词，如一些病毒的邮件标题，比如：test。这种方式比较类似反病毒软件利用的病毒特征一样，可以说这是用一种简单的内容过滤方式来处理垃圾邮件，它的基础是必须创建一个庞大的过滤关键词列表。这种技术缺陷很明显，过滤的能力同关键词有明显联系，关键词列表造成错报的可能性也比较大，同时系统采用这种技术来处理邮件的时候消耗的系统资源会比较多。并且，一般躲避关键词的技术比如拆词、组词就很容易绕过过滤。
- 黑名单和白名单分别是已知的垃圾邮件发送者或可信任的发送者 IP 地址或者邮件地址。目前很多邮件接收端都采用了黑白名单的方式来处理垃圾邮件。
- Hash 技术是邮件系统通过创建 Hash 值来描述邮件内容，比如将邮件的内容、发件人等作为参数，最后计算得出这个邮件的 Hash 值来描述这个邮件。如果 Hash 值相同，那么说明邮件内容、发件人等相同。这在一些 ISP 上在采用，如果出现重复的 Hash 值，那么就可以怀疑是大批量发送邮件了。
- 基于规则的过滤是根据某些特征（如单词、词组、位置、大小、附件等）来形成规则，通过这些规则来描述垃圾邮件，就好比 IDS 中描述一条入侵事件一样。要使得过滤器有效，就意味着管理人员要维护一个庞大的规则库。

- 智能和概率系统广泛使用的是贝叶斯算法，其原理就是检查垃圾邮件中的词或字符等，将每个特征元素（最简单的元素就是单词，复杂点的元素就是词语）都给出一个分数（正分数），另一方面就是检查正常邮件的特征元素，用来降低得分（负分数）。最后邮件整体就得到一个垃圾邮件总分，通过这个分数来判断是否是垃圾邮件。

② Web 邮箱反垃圾邮件的设置。登录 Web 后，可以进行反垃圾邮件的设置，图 2-30 所示是 163 邮箱中单击“设置”选项后的界面，可以进行黑名单、白名单和反垃圾邮件级别等设置。

图 2-30　Web 邮箱反垃圾邮件的设置

③ 反垃圾邮件工具软件。借助于反垃圾邮件工具软件，可以避免垃圾邮件的反复骚扰。

2. 网络聊天的安全防范

当前，基于网络的即时通信软件（如 QQ、ICQ、MSN 等）得到了广泛使用，国内使用最普遍的是 Tencent 公司的 QQ 即时通信软件，它可以提供文字及语言和视频聊天、新闻、短信定制、文件传输等服务，为广大用户的信息交流和生活提供了方便。但是，QQ 也存在不少安全问题，下面主要讲述 QQ 软件的攻击与防范。

（1）QQ 通信软件密码的盗取

密码盗取的基本方法是借助于计算机后台偷偷运行的小程序。若有人在这台计算机上使用即时通信软件，用户输入的密码就会被记录下来或者通过电子邮件发送出去。通常，密码盗取软件大致可以分为两类：一类是将盗取到的密码存放在计算机的某个鲜为人知的文件中，安放窃取软件的人必须过一段时间后才能打开（如 QQ 幽灵）；另一类是将偷窃到的密码直接通过 E-mail 发送出去，这样施放窃取程序的人就可以立即获取密码了（如 QQ 杀手）。

① QQ 幽灵盗取密码：QQ 幽灵（主程序 rav.exe，为了伪装自己，图标与瑞星杀毒软件完全一样），其主要程序非常小，只要软件在某台计算机上运行一次，随后就可以在该计算机上的 Windows\system32 目录或 Winnt\system32 目录下找到 rav 文件，双击该文件在弹出的对话框中选择打开程序记事本，就可以查看到被盗取的密码了。

② QQ 幽灵的预防：用户在输入密码登录 QQ 前，需先检查计算机中是否隐藏有 QQ 幽灵，若有则将其去除，具体方法如下。

- 打开任务管理器，选择“进程”选项卡，若发现 rav.exe，很有可能就是 QQ 幽灵，这时可以选择 rav.exe，单击“结束进程”按钮，将其关闭；
- 打开注册表编辑器，找到 HKEY_LOCAL_MACHINE\SOFTWARE\Microsoft\Windows\Current Version\Runservices 中的 RavTimer 项，记录其“数据”下的路径，然后将 RavTimer 项删除即可。
- 打开 Windows 资源管理器，找到刚才记录下的路径，将 rav.exe 文件删除。

③ QQ 杀手盗取密码：QQ 杀手可以将盗窃到的密码通过邮件发送出去。运行系统中的 qqset.exe，对 QQ 杀手进行设置，包括指定接收密码的邮箱、用户名和密码等，设置完成后单击“确定”按钮。Winpao.exe 文件用于对 QQ 密码进行窃取，设置完成后双击该文件，QQ 杀手就会在计算机中潜伏下来，然后将窃取的密码发送到指定的邮箱。QQbin.exe 文件将 QQ 杀手和其他合法的可执行文件进行捆绑，绑定后发送给其他人，只要对方运行该文件，QQ 杀手就会立即在对方计算机安家落户。

中毒时症状：当前进程中多出 ESPLORER.EXE；防病毒软件实时监控被莫名其妙地关闭并且无法重新打开；各文件夹中出现随机文件名的*.exe 文件，而且删除了还会再产生。

④ QQ 杀手的预防：QQ 杀手是通过在计算机中安插小程序进行密码盗取的，因此也可以使用与 QQ 幽灵预防中一样的方法，在任务管理器中结束 esplorer.exe 进程；同时，打开注册表编辑器，找到 HKEY_LOCAL_MACHINE\SOFTWARE\Microsoft\Windows\Current Version\Run 中的 Esplorer 键，记录其“数据”下的文件路径，将 Esplorer 键删除；然后再将其下对应的文件删除。

重新启动 Windows，发现在任务管理器中又出现了 esplorer.exe 进程，再次结束该进程，系统提示“无法终止进程”。这时，选择“开始”→“搜索”命令，输入关键字“esplorer.exe”又可以找到该文件。这是由于 QQ 杀手在系统中还安插了自恢复程序，其位置存放不是在 Windows\system32 目录或 Winnt\system32 目录下，而且这些恢复程序文件名是随机产生的，一旦其中一个被清除，其他的立刻进行恢复。这时只有通过工具软件（如 Trojan Remover、QQ 杀手专杀工具等）进行清除。

⑤ QQ 密码防盗：要做到 QQ 密码防盗，需做到以下几点。

- 在登录 QQ 时，如系统出现异常，一定要注意更改密码；
- 不要随意上不明的网站，也不要接受不明的信息或文件，防止木马侵入计算机。
- 使用复杂密码（至少 8 位以上，包括数字、字母（大小写交替）、特殊字符等），定期修改，避免在网上透露密码；
- 为 QQ 账户申请密码保护，如绑定密保手机/密保卡/手机令牌，设置密码保护问题等。

- 注意其他方面的安全问题，比如定期更新操作系统补丁、安装杀毒软件并及时更新病毒库、定期杀毒等。

（2）QQ 通信软件消息炸弹

QQ 消息炸弹是指使用工具软件向别人不断发送垃圾消息，导致对方无法正常使用 QQ，比如“飘叶千夫指”。收到 QQ 消息炸弹攻击后，应先考虑升级 QQ 到最新版本，然后将对方加到 QQ 的黑名单中就可以预防。

（3）偷看 QQ 通信软件的聊天记录

QQ 早期使用的明码传输以及现在脆弱的本地加密手段，使得这只小企鹅在本地客户端极不安全。现在出现的“QQ 登录密码修改专家”“QQ 任我行”和“QQsuperKey”等黑客工具，都可以脱机登录本机上的 QQ，查看其好友列表和聊天记录。利用这些工具，只需输入指定的万能密码，就可以毫无顾忌地探测那些在计算机中留下记录的 QQ 主人的隐私，其中就有可能包括登录密码。这类黑客工具不像木马程序那样必须提前安装，所以对 QQ 的安全危害极大。以“QQ 免密码登录器”的黑客工具为例，它非常巧妙地绕过了 QQ 本地密码验证系统，可以离线登录所有曾在本机上登录过的 QQ 号码，查看其聊天记录、好友分组信息等。这对于在网吧和公共机房使用 QQ 的用户来说，无疑将使自己的隐私和秘密暴露无遗。

为防止在公共场合使用 QQ 被别人偷看聊天记录，每次聊天离开之前要删除 QQ 安装目录下的个人文件夹。也可以使用 QQ 消息加密功能，在 QQ 主界面选择“打开系统设置”，在“安全设置”选项卡中单击“消息记录”，选中“启用消息记录加密”复选框，并输入口令（见图 2-31）。

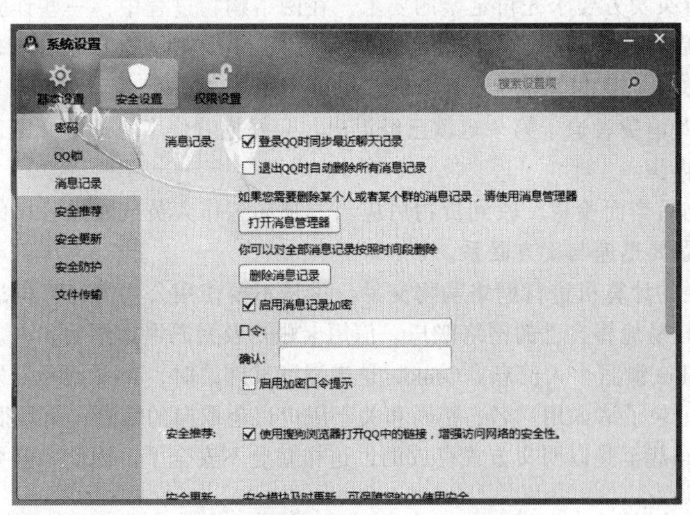

图 2-31　QQ 聊天记录加密功能的设置

3. 网络购物安全防范

（1）网络购物欺诈

当前，作为一种新型的消费方式，网络购物日益盛行，但网络诈欺也随之而来，网络购物诈欺案件也逐渐增多。常见的网络购物诈欺有以下几种。

① 欺诈人建立自己的商务网站或通过知名的、大型的电子商务网站发布虚假商品销售信息，以“超低价”“走私货”“水货”“免税货”“违禁品”等名义销售产品，使一些人因低价诱惑或好奇而上当受骗。

② 欺诈人发布中奖信息，使一些贪图小便宜或有好奇心的人受骗。

③ 欺诈人在网站上设置六合彩赌博网站或淫秽色情网站链接，引诱网民单击进入，骗取注册费。

④ 欺诈人收到货款后，寄出一些货物价值低于消费者所购买的货物，更有甚者寄出一个空盒，将责任推给物流公司或邮局。

（2）网络购物诈欺的防范

为了有效地防范网上竞卖及购物时被骗，识别网络购物中隐藏的陷阱，用户必须遵守以下安全防范守则。

① 核实卖家留下的信息。若卖家只留下 QQ 号码、电子邮件、手机号码，而没有固定的地址和对应的固定电话时，不要轻易交易，仔细甄别卖家留下的地址和对应的固定电话是否一致，初步判断是否为诈欺信息；同时，利用网上搜索引擎，查询供货信息中的联系电话、联系人、公司名称、银行账户等关键信息是否一致。

② 对即将购买的产品有所了解。若卖家所售出价格远远低于市场上同类产品的价格，而交货期限又短，这时买家应提高警惕，不要贪图小便宜，被超低价格的产品迷惑。

③ 尽量去大型、知名、有信用制度和安全保障的购物网站购买，同时要求先货后款。目前大型购物网站的支付形式基本采用“第三方监管货款”的方式，买家将钱先划到网络购物平台提供的第三方账户，买家收到货物后向第三方确认，第三方再将货款转给卖家。

④ 谨慎对待买卖方要求先付定金的要求。在网络购物过程中，一些诈骗分子要求先交部分定金，货到后再付全款，当消费者汇出第一笔款后，诈骗人会以种种借口（如货已运到消费者所在城市，要求支付风险金、押金或税款等费用），要求消费者再汇余款，否则不交货也不得退款，一些消费者迫于第一笔款已经汇出，只好抱着侥幸心理继续汇款，而欺诈人也会变换借口一骗再骗。

⑤ 收到货物后当面验货。收到货物后应当着邮局工作人员或快递公司的面立即验货，若发现货物有问题要迅速与卖方联系。

⑥ 使用单独的计算机进行网络购物交易。尽量不要使用公用的计算机进行购物、支付等操作，更不要轻易地将自己的网络账户、信用卡账户及密码泄露给陌生人。

⑦ 防止 Cookie 泄露个人信息。Cookie 是当浏览某网站时，Web 服务器发送到计算机中的数据文件，它记录了诸如用户名、密码和关于用户兴趣取向的信息；而且很多 Cookie 文件中的用户名和密码甚至是以明文方式存放的，这样就更不安全了。因此，必要时删除 Cookie 文件是必须的。

- 通过 Internet 选项设置。具体步骤：在浏览器中选择“工具”→“Internet 选项”命令，单击“删除”按钮，选择 Cookies，删除；单击“隐私”选项卡，在如图 2-32 所示对话框中拖动滑块，进行“阻止所有 Cookie”“高”“中高”“中”“低”“接受所有 Cookie”6 个级别的设置；单击“站点”按钮，弹出如图 2-33 所示“每个站点的隐私操作”对话框，在“网站地址”文本框中输入特定的网址，将其设定为允许或拒绝使用 Cookie。

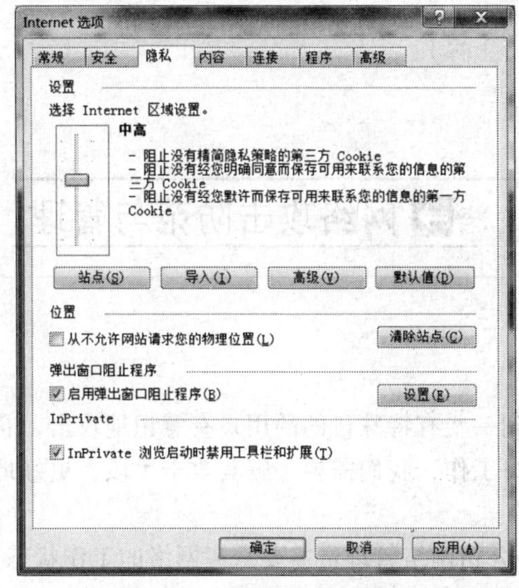

图 2-32　阻止 Cookie 设置

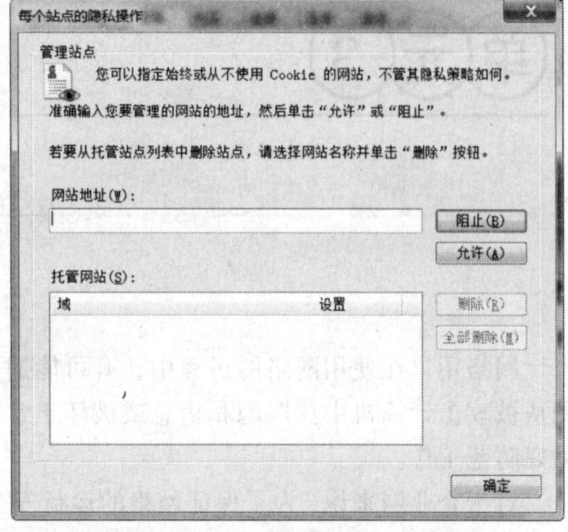

图 2-33　设置是否允许 Cookie

注：若拒绝接受 Cookie，可能无法使用依赖于 Cookie 的网站的部分功能（比如一些网站论坛要求打开 Cookie 功能才能正常访问）。

- 通过注册表设置。具体步骤：打开注册表编辑器，在注册表编辑窗口中展 HKEY_LOCAL_MACHINE\SOFTWARE\Microsoft\Windows\CurrentVersion\InternetSettings\Cache\Special Paths\Cookies，右击 Cookies 文件夹，在弹出的快捷菜单中执行删除命令。

小知识

个人使用计算机的习惯非常重要，比如：不浏览或搜索不健康的信息、不安装来历不明的软件，做好这些，计算机感染病毒的概率也会大幅度降低，操作系统也会更加安全。

习题

1. 什么是宏病毒？
2. 选择一款恶意软件清除工具，熟练使用。
3. 如果 IE 浏览器遇到以下情况如何恢复？
   （1）IE 标题栏被修改；
   （2）首页被修改；
   （3）IE 右键菜单被修改；
   （4）注册表被锁定，使用户无法使用注册表编辑器进行修复。
4. 设置自己的 QQ 邮箱，提高邮箱安全性。
5. 如何拒绝安装不受欢迎的程序（使用 Windows 7 AppLocker 策略）？
6. 打开 IE 浏览器后出现暂时不能输入现象，并且自行打开一些广告性质的浏览器界面，上述现象可能是什么原因？有什么解决办法？

单元3 网络攻击防范与管理

网络用户在使用网络的过程中，有可能遭受到一些有特殊目的的用户有意识地攻击，企图从被攻击计算机中获取隐私信息或破坏正常网络工作，我们需要了解其攻击手段，更好地做好防范工作。

对于企业网来说，为了保证网络的运行安全，公司网络管理员需要掌握网络的工作状态，如开放端口，系统是否存在漏洞，是否受到别人的窥探和破坏，有没有病毒和木马入侵等。有的很容易发现，但有的却很难被察觉，这就需要借助一些工具和协议来进行分析，并通过日志等信息中的蛛丝马迹来追查，然后做出应有的响应。除了内部网络用户的安全外，还需要防范来自于外部网络的入侵，需要知道是否存在外部用户入侵，还需要知道在入侵存在的情况下如何抵御入侵。

网络面临的攻击方式花样繁多，而攻击和网络安全是紧密结合在一起的，研究网络安全不了解攻击技术等同于纸上谈兵。某种意义上说没有攻击就没有安全，系统管理员可以利用常见的攻击手段对系统进行检测，并对相关的漏洞采取措施。为了更好地做好防范工作，可通过理解攻击手段的基本原理、熟悉基本攻击工具使用的方式，学会在尝试攻击和监听的过程中保护自身计算机的安全。

学习目标

- 了解黑客攻击五部曲。
- 掌握网络扫描监听的工作原理。
- 掌握网络扫描与网络监听的方法。
- 掌握社会工程学攻击、暴力攻击、漏洞攻击、拒绝服务攻击等常见攻击方式原理。
- 能对常见攻击方式进行防范。
- 掌握防火墙、入侵检测技术的相关概念。
- 能够完成软硬件防火墙的基本配置。
- 培养良好的网络使用习惯。

3.1 网络扫描与网络监听

3.1.1 攻击五部曲

一次成功的攻击，都可以归纳成基本的5个步骤，但是根据实际情况可以随时调整。归纳起来就是“黑客攻击五部曲”。

（1）隐藏 IP

通常有两种方法实现自身 IP 的隐藏：第一种方法是首先入侵互联网上的一台计算机（俗称“肉鸡”），利用这台计算机进行攻击，这样即使被发现了，也是“肉鸡”的 IP 地址；第二种方式是做多级跳板“Sock 代理”，这样在入侵的计算机上留下的是代理计算机的 IP 地址。比如攻击 A 国的站点，一般选择离 A 国很远的 B 国计算机作为“肉鸡”或者“代理”，这样跨国度的攻击，一般很难被侦破。

（2）踩点扫描

踩点就是通过各种途径对所要攻击的目标进行多方面的了解（包括任何可得到的蛛丝马迹，但要确保信息的准确），确定攻击的时间和地点。常见的踩点方法包括：在域名及其注册机构查询；对公司性质的了解；对主页进行分析；邮件地址的搜集；目标 IP 地址范围查询。踩点的目的就是探察对方的各方面情况，确定攻击的时机。摸清楚对方最薄弱的环节和守卫最松散的时刻，为下一步的入侵制订良好的策略。

（3）获得系统或管理员权限

得到管理员权限的目的是连接到远程计算机，对其进行控制，达到攻击目的。获得系统及管理员权限的方法有：通过系统漏洞获得系统权限；通过管理漏洞获得管理员权限；通过软件漏洞得到系统权限；通过监听获得敏感信息进一步获得相应权限；通过弱口令获得远程管理员的用户密码；通过穷举法获得远程管理员的用户密码；通过攻破与目标机有信任关系的另一台机器进而得到目标机的控制权；通过欺骗获得权限以及其他有效的方法。

（4）种植后门

为了保持长期对自己胜利果实的访问权,在已经攻破的计算机上种植一些供自己访问的后门。

（5）在网络中隐身

一次成功的入侵之后，一般在对方的计算机上已经存储了相关的登录日志，这样就容易被管理员发现。在入侵完毕后需要清除登录日志以及其他相关的日志。

3.1.2 网络扫描

攻击五部曲中第二步踩点扫描中的扫描，一般分成两种策略：一种是主动式策略；另一种是被动式策略。

被动式策略就是基于主机之上，对系统中不合适的设置，脆弱的口令以及其他同安全规则抵触的对象进行检查。主动式策略是基于网络的，它通过执行一些脚本文件模拟对系统进行攻击的行为并记录系统的反应，从而发现其中的漏洞。被动式扫描不会对系统造成破坏，而主动式扫描对系统进行模拟攻击，可能对系统造成破坏。

扫描的目的就是利用各种工具对攻击目标的 IP 地址或地址段的主机进行漏洞查找。扫描采取模拟攻击的形式对目标可能存在的已知安全漏洞逐项进行检查，目标可以是工作站、服务器、交换机、路由器和数据库应用等。根据扫描结果向扫描者或管理员提供周密可靠的分析报告。

1. 被动式策略扫描

（1）系统用户扫描

工具软件 GetNTUser 主界面如图 3-1 所示。

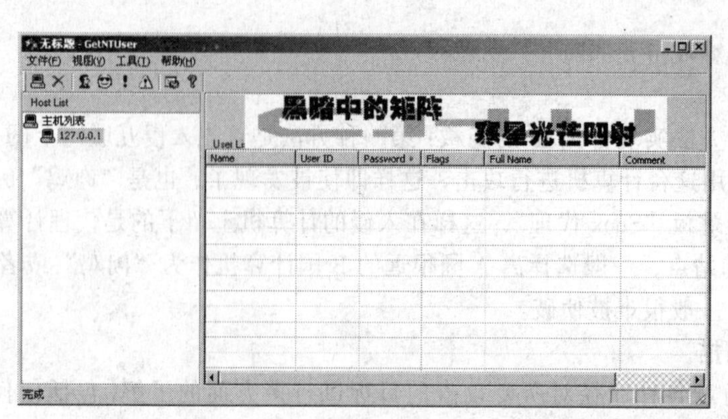

图 3-1　GetNTUser 工具的主界面

对 IP 为 172.18.25.109 的计算机进行扫描，首先将该计算机添加到扫描列表中，选择菜单“文件”→“添加主机”命令（或者是工具栏中的计算机工具），弹出“Add Host”对话框，输入目标计算机的 IP 地址，如图 3-2 所示。这样就可以得到对方的用户列表。

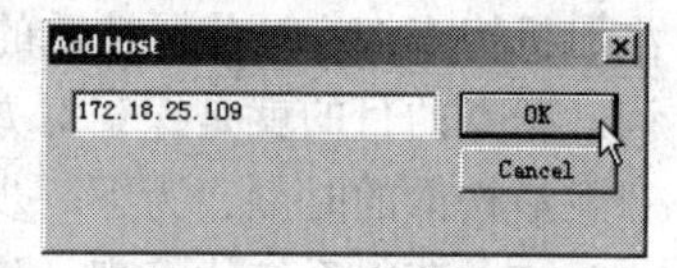

图 3-2　添加主机

利用该工具可以对计算机上的用户进行密码破解，首先设置密码字典，设置完密码字典后，将会用密码字典里的每一个密码对目标用户进行测试，如果用户的密码在密码字典中就可以得到该密码，一个典型的密码字典如图 3-3 所示。

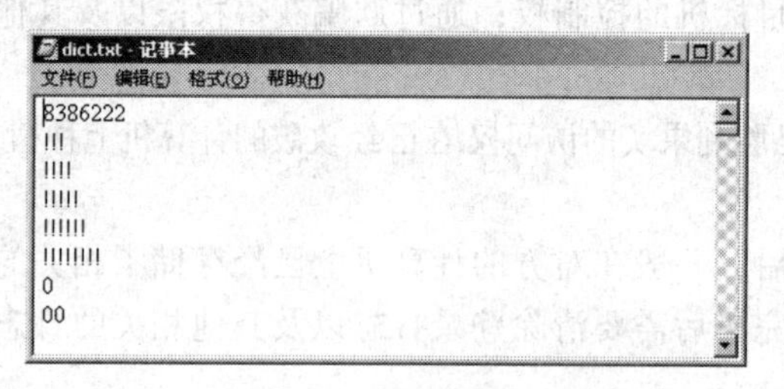

图 3-3　密码字典

利用密码字典中的密码进行系统用户密码破解，选择菜单“工具”→“设置”命令，选择密码字典文件，然后选择“工具”→“字典测试”命令，程序将按照字典的设置进行逐一地匹配，如图 3-4 所示。

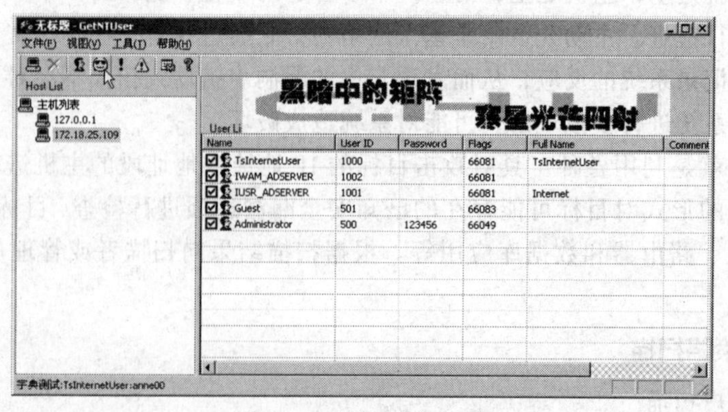

图 3-4　破解用户密码

（2）开放端口扫描

得到对方开放了哪些端口也是扫描的重要一步。使用工具软件 PortScan 可以得到对方计算机都开放了哪些端口，主界面如图 3-5 所示。

对 172.18.25.109 的计算机进行端口扫描，在 Scan 文本框中输入 IP 地址，单击“START”按钮开始扫描，如图 3-6 所示。

图 3-5　端口扫描主界面

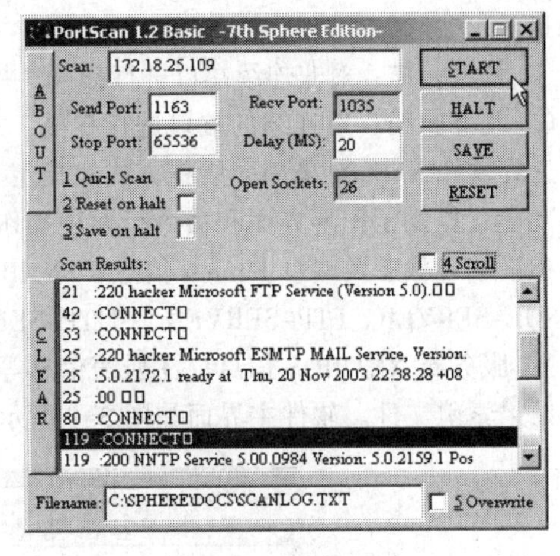

图 3-6　端口扫描

工具软件可以对所有端口的开放情况做测试，通过端口扫描，可以知道对方开放了哪些网络服务，从而根据某些服务的漏洞进行攻击，比如图 3-7 中所示的 21 端口的 FTP 服务和 80 端口的 WEB 服务等。

（3）共享目录扫描

通过工具软件 Shed 来扫描对方主机，得到对方计算机提供了哪些目录共享。工具软件的主界面如图 3-7 所示。

该软件可以扫描一个 IP 地址段的共享信息，这里只扫描 IP 为 172.18.25.109 的目录共享情况。在起始 IP 文本框和终止 IP 文本框中都输入 172.18.25.109，单击“开始”按钮就可以得到对方的共享目录，如图 3-8 所示。

结果显示对方计算机上 C 盘是默认隐式共享的，没有开放其他显式共享目录。

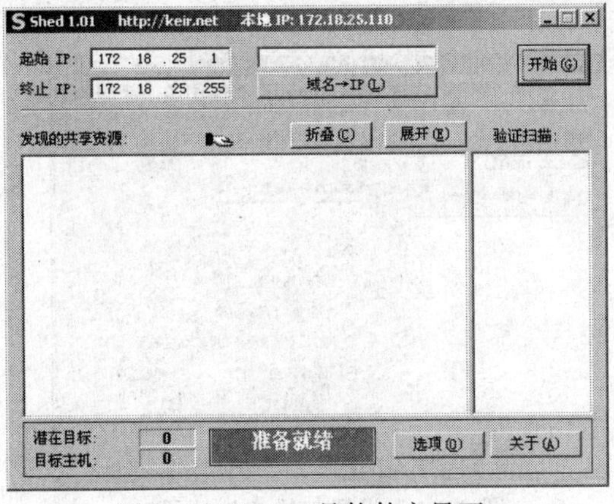

图 3-7　Shed 工具软件主界面

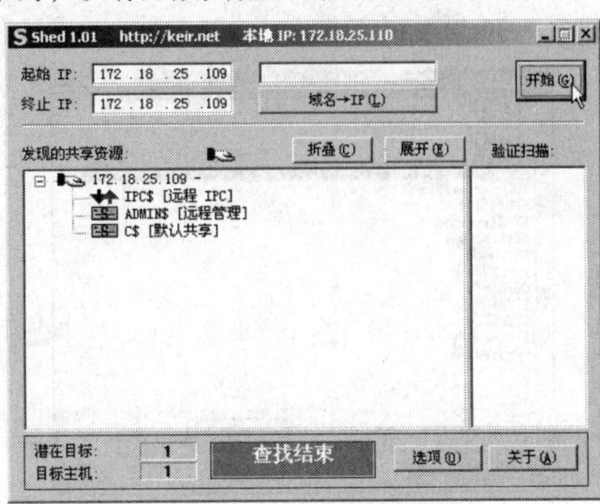

图 3-8　目录共享扫描

2. 主动式策略扫描

主动式策略扫描是基于网络的，它通过执行一些脚本文件模拟对系统进行攻击的行为并记录系统的反应，从而发现其中的漏洞。

主动式扫描一般可以分成：活动主机探测、ICMP 查询、网络 PING 扫描、端口扫描、标识 UDP 和 TCP 服务、指定漏洞扫描、综合扫描。扫描方式可以分成两大类：慢速扫描和乱序扫描。

① 慢速扫描：对非连续端口进行扫描，并且源地址不一致、时间间隔长、没有规律。

② 乱序扫描：对连续的端口进行扫描，源地址一致，时间间隔短。

工具软件 X-Scan 采用多线程方式对指定 IP 地址段（或单机）进行安全漏洞检测，支持插件功能，提供了图形界面和命令行两种操作方式，扫描内容包括：远程操作系统类型及版本；标准端口状态及端口 Banner 信息；SNMP 信息；CGI 漏洞、IIS 漏洞、RPC 漏洞、SSL 漏洞；SQL-SERVER、FTP-SERVER、SMTP-SERVER、POP3-SERVER、NT-SERVER 弱口令用户；NT 服务器 NETBIOS 信息；注册表信息等。扫描结果保存在/log/目录中，index_*.htm 为扫描结果索引文件。软件主界面如图 3-9 所示。

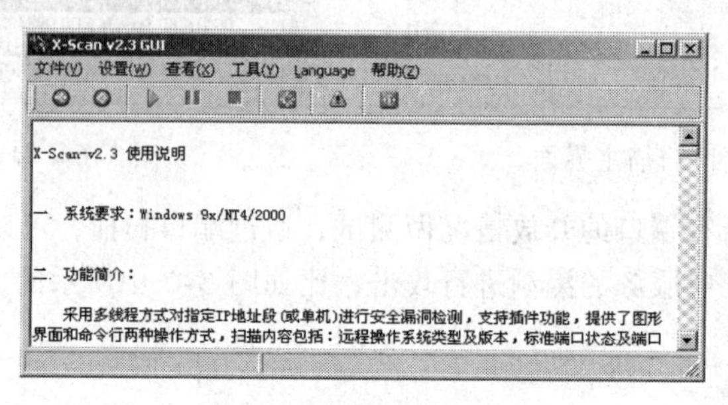

图 3-9　X-Scan 主界面

利用该软件可以对系统存在的一些漏洞进行扫描，选择菜单栏“设置”→“扫描参数”命令，扫描参数的设置如图 3-10 所示。

可以看出该软件能够对常用的网络以及系统的漏洞进行全面地扫描，选中几个复选框，单击“确定”按钮。下面需要确定要扫描主机的 IP 地址或者 IP 地址段，选择菜单栏“设置”→“扫描参数”命令，扫描一台主机，在指定 IP 范围文本框中输入“172.18.25.109-172.18.25.109”，如图 3-11 所示。

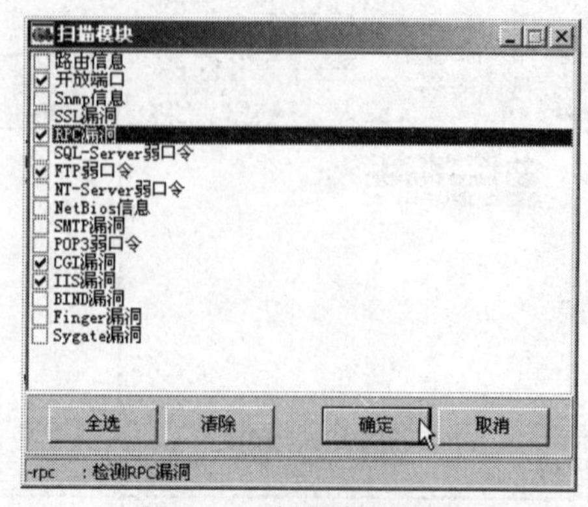

图 3-10　扫描参数设置

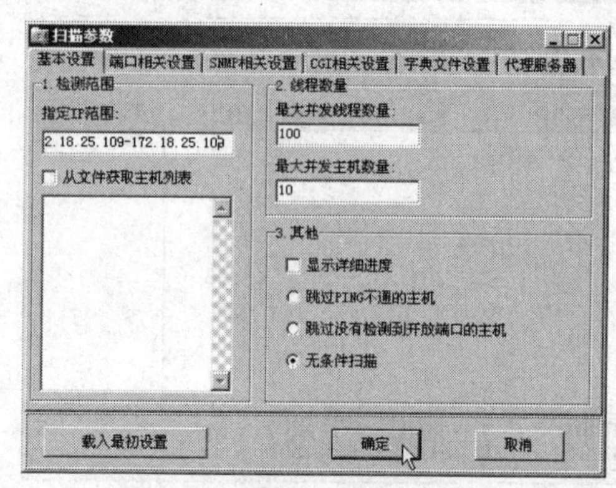

图 3-11　设置扫描的地址段

设置完毕后，进行漏洞扫描，单击工具栏上的“开始”图标，开始对目标主机进行扫描，经过一段时间后就可以得到最终扫描结果，如图 3-12 所示。

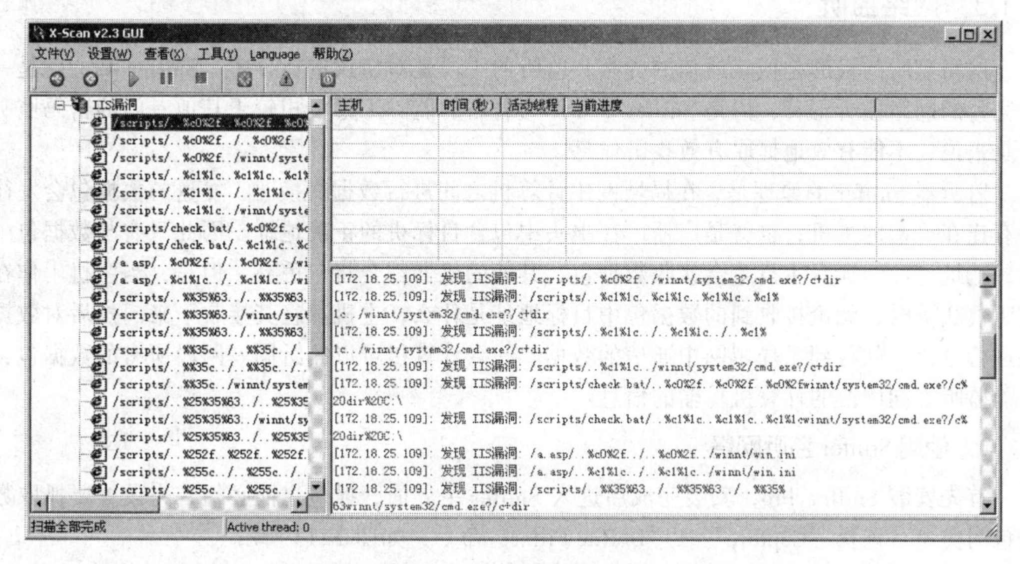

图 3-12　漏洞扫描结果

小知识

1. 扫描器定义

扫描器并不是一个直接攻击网络漏洞的程序，而是一种自动检测远程或者本地主机安全性弱点的程序。一个好的扫描器能不留痕迹地发现远程服务器的各种 TCP 端口分配、提供的服务、软件版本等，并能对它得到的数据进行分析，帮助查找目标主机的漏洞，从而了解远程主机所存在的安全问题。扫描器不能提供进入一个系统的详细步骤。

扫描器应该有以下 3 项功能。

① 发现一台主机或者网络的能力。

② 发现一台主机或者网络后，有发现这台主机正在运行什么服务的能力。

③ 发现活动的服务后，通过测试这些服务，有发现漏洞的能力。

2. 端口扫描原理

通过尝试与目标主机某些端口建立连接来判断活动端口是否存在，如果存在则扫描成功。在连接过程中，如果目标主机的某端口有回复，说明该端口开放，则可认为该端口为活动端口。

3. X-Scan

X-Scan 是国内最著名的综合扫描器之一，它完全免费，是不需要安装的绿色软件，界面支持中文和英文两种语言，包括图形界面和命令行方式。最值得一提的是，X-Scan 把扫描报告和安全焦点网站相连接，对扫描到的每个漏洞进行“风险等级”评估，并提供漏洞描述和漏洞溢出程序，方便网管测试、修补漏洞。

4. 操作小提示

因网络安全实验对系统具有破坏性，该单元涉及的攻击五部曲的各个环节可通过搭建虚拟机环境进行模拟体验，在虚拟机安装不打补丁的操作系统 Windows 2000 Server，在虚拟机中虚拟两台机器进行攻防实验，防止对计算机造成破坏。

3.1.3 网络监听

网络监听的目的是截获通信的内容，监听的手段是对协议进行分析。Sniffer Pro 就是一个完善的网络监听工具，但是 Sniffer Pro 作为著名的监听工具，相较于其他专门的密码监听工具来说，不能有效地提取有效攻击信息。

监听器 Sniffer 的原理是，在局域网中计算机之间进行数据交换时，发送的数据包会发往所有连在一起的主机，也就是广播，在报头中包含目标机的正确地址。因此只有与数据包中目标地址一致的那台主机才会接收数据包，其他的机器都会将包丢弃。但是，当主机工作在监听模式下时，无论接收到的数据包中目标地址是什么，主机都将其接收下来。然后对数据包进行分析，就得到了局域网中通信的数据。一台计算机可以监听同一网段所有的数据包，不能监听不同网段的计算机传输的信息。

1. 使用 Sniffer 监听网络

首先安装 Sniffer Pro，安装完成后进入 Sniffer 主界面，抓包之前必须首先设置要抓取数据包的类型。选择“Capture”→“Define Filter”命令，如图 3-13 所示。

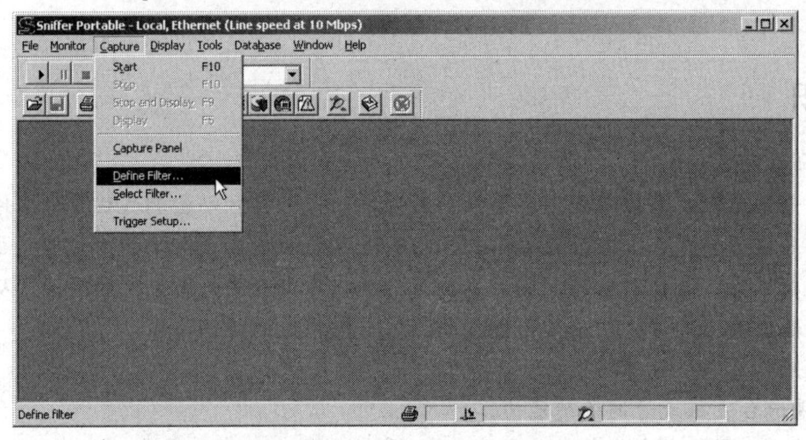

图 3-13 Sniffer 主界面

在抓包过滤器对话框中，选择“Address”选项卡，如图 3-14 所示。

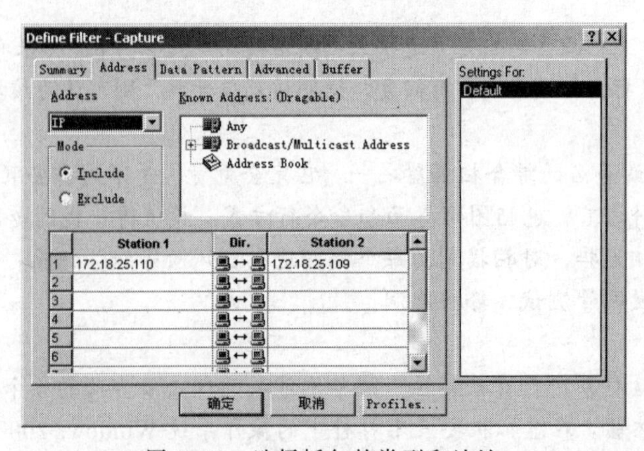

图 3-14 选择抓包的类型和地址

窗口中需要修改两个地方：在 Address 下拉列表框中，选择抓包的类型为 IP，在 Station1 下面输入主机的 IP 地址，主机的 IP 地址是 172.18.25.110；在与之对应的 Station2 下面输入另一台主机的 IP 地址，IP 地址是 172.18.25.109。

设置完毕后，选择该对话框的“Advanced”选项卡，拖动滚动条找到 IP 项，将 IP 和 ICMP 选中，如图 3-15 所示。

向下拖动滚动条，将 TCP 和 UDP 选中，再把 TCP 下面的 FTP 和 Telnet 两个选项选中，如图 3-16 所示。

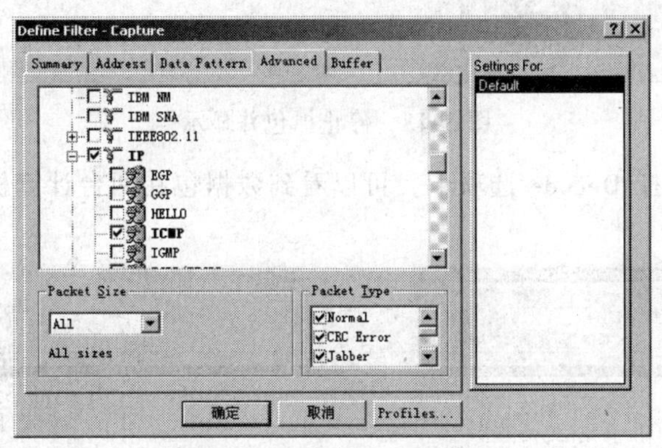

图 3-15　选中 IP 和 ICMP

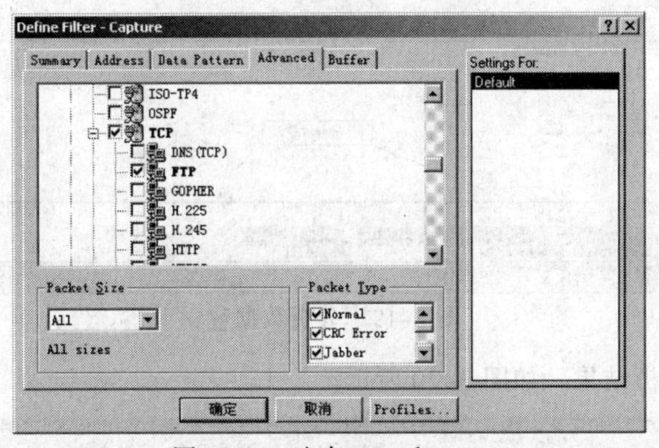

图 3-16　选中 TCP 和 FTP

继续拖动滚动条，选中 UDP 下面的 DNS。

这样 Sniffer 的抓包过滤器就设置完毕了。选择菜单栏“Capture”→“Start”命令，启动抓包以后，在主机的 DOS 窗口中 Ping 虚拟机，如图 3-17 所示。

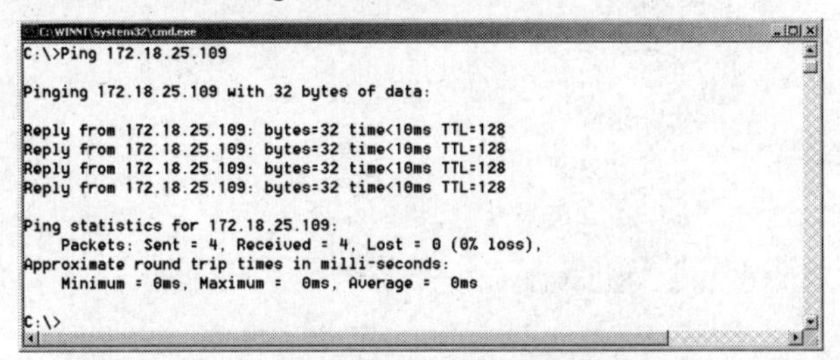

图 3-17　从主机向虚拟机发送数据包

等 Ping 指令执行完毕后，单击工具栏上的“停止并分析”按钮，如图 3-18 所示。

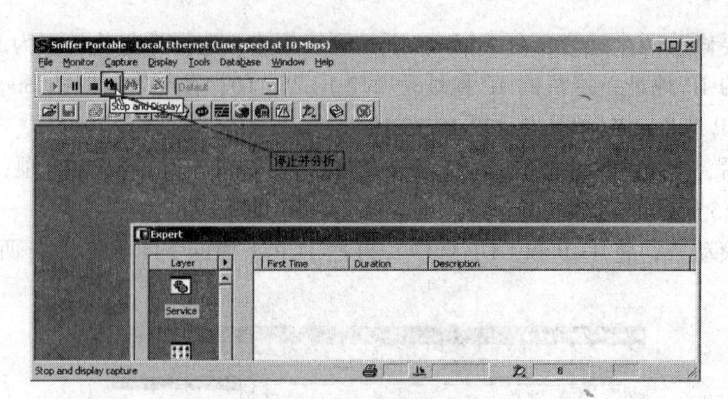

图 3-18　停止抓包并显示

在出现的窗口选择 Decode 选项卡，可以看到数据包在两台计算机间的传递过程，如图 3-19 所示。

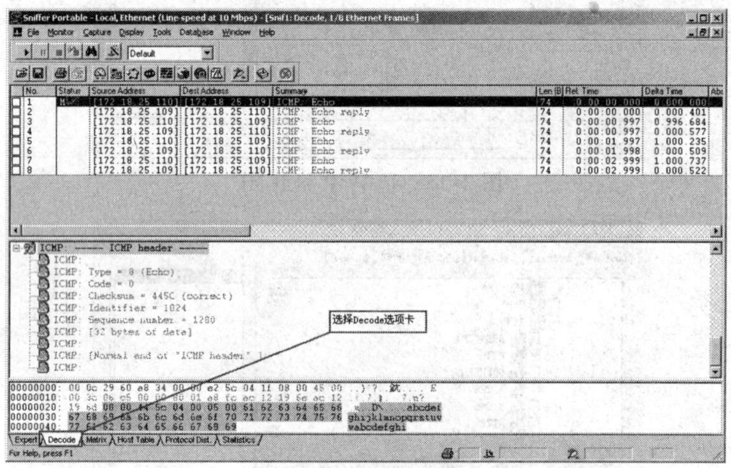

图 3-19　分析数据包

查看 Sniffer 的分析结果，如图 3-20 所示。

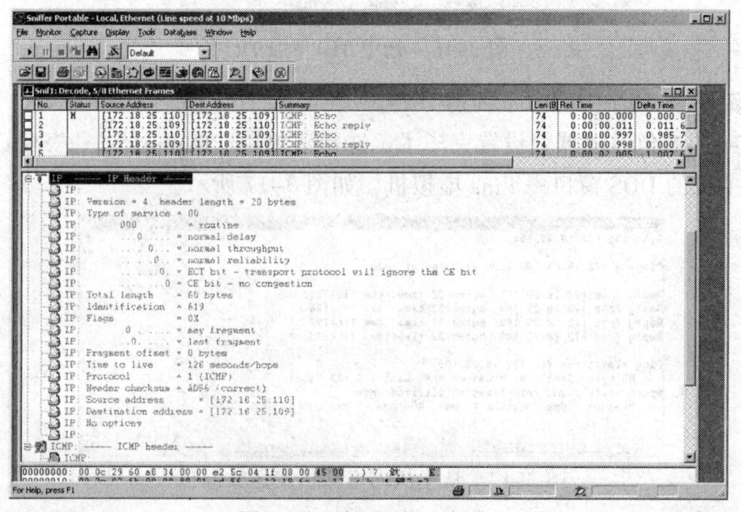

图 3-20　抓取的 IP 报头

其实 IP 报头的所有属性都在报头中显示出来，可以看出实际抓取的数据报和理论上的数据报一致，分析如图 3-21 所示。

```
IP: ----- IP Header -----
IP:
IP: Version = 4, header length = 20 bytes 版本号
IP: Type of service = 00 服务类型
IP:       000. ....   = routine
IP:       ...0 ....   = normal delay
IP:       .... 0...   = normal throughput
IP:       .... .0..   = normal reliability
IP:       .... ..0.   = ECT bit - transport protocol will ignore the CE bit
IP:       .... ...0   = CE bit - no congestion
IP: Total length    = 60 bytes 封包总长度
IP: Identification  = 619
IP: Flags           = 0X
IP:       .0.. ....   = may fragment
IP:       ..0. ....   = last fragment
IP: Fragment offset = 0 bytes
IP: Time to live    = 128 seconds/hops 生存时间
IP: Protocol        = 1 (ICMP) 协议
IP: Header checksum = AD56 (correct) 校验
IP: Source address      = [172.18.25.110] 源地址
IP: Destination address = [172.18.25.109] 目标地址
IP: No options
IP:
```

图 3-21　IP 报头解析

2. **监听工具** Win Sniffer

Win Sniffer 专门用来截取局域网内的密码，比如登录 FTP，登录 E-mail 等的密码。主界面如图 3-22 所示。

只要做简单的设置就可以进行密码抓取了，单击工具栏图标“Adapter”，设置网卡，这里设置为本机的物理网卡即可，如图 3-23 所示。

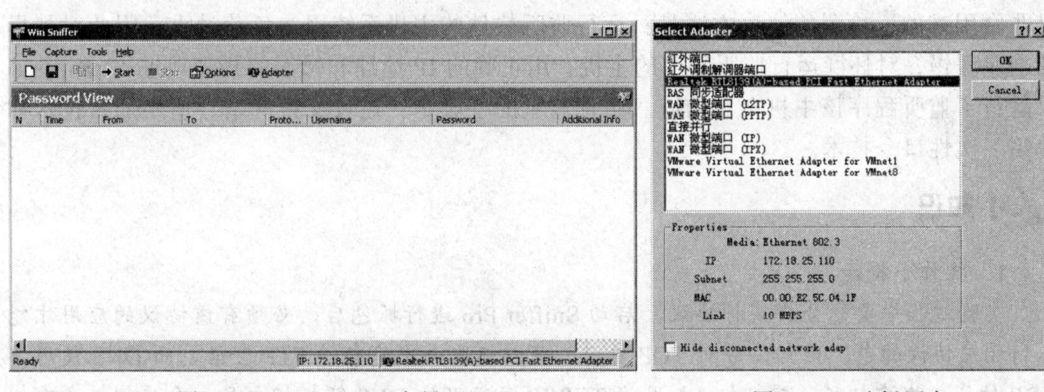

图 3-22　Win Sniffer 主界面　　　　图 3-23　选择网卡

这样就可以抓取密码了，使用 DOS 命令行连接远程的 FTP 服务，如图 3-24 所示。

```
C:\WINNT\System32\cmd.exe

C:\>ftp 172.18.25.109
Connected to 172.18.25.109.
220 hacker Microsoft FTP Service (Version 5.0).
User (172.18.25.109:(none)): ftp
331 Anonymous access allowed, send identity (e-mail name) as password.
Password:
230 Anonymous user logged in.
ftp> bye
221

C:\>_
```

图 3-24　登录 FTP 服务器

打开 Win Sniffer，看到刚才的会话过程已经被记录下来了，显示了会话的一些基本信息，如图 3-25 所示。

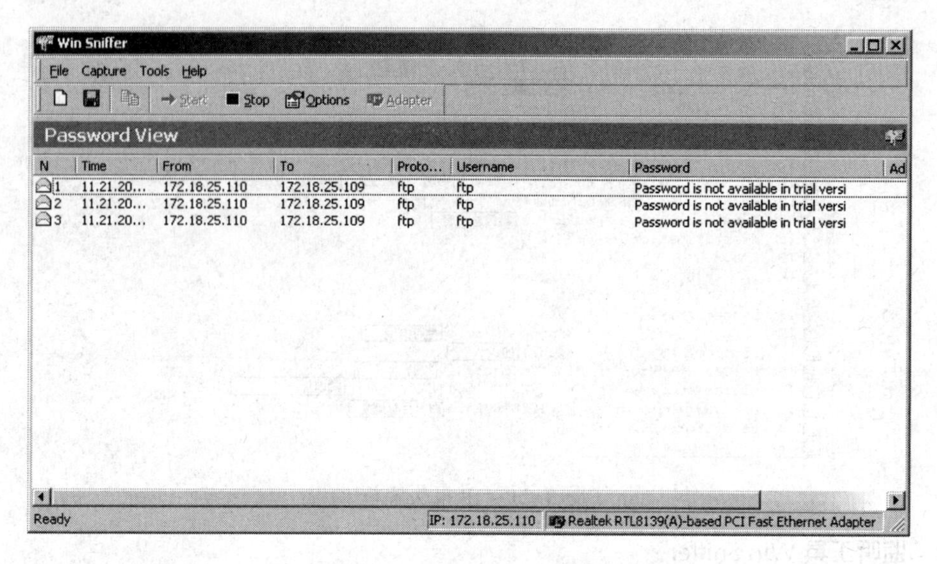

图 3-25　抓取的 FTP 密码

3. 网络监听防范

网络监听的检测比较困难，运行网络监听的主机只是被动地接收数据，并没有主动行动，既不会与其他主机交换信息，也不能修改网上传输的信息包。这决定了网络监听检测是非常困难的，检测的解决方法是：运行监听软件的主机系统因为负荷过重，因此对外界的响应缓慢，对怀疑运行监听程序的主机，用正确的 IP 地址和错误的物理地址去 ping，如果运行了监听程序该主机会有响应。防止监听的手段是：建设交换网络、使用加密技术和使用一次性口令技术。

小知识

1. 操作小提示

实验过程中要想分析某种协议，启动 Sniffer Pro 进行抓包后，必须有该协议的应用才能抓到相应协议的包。比如，分析 TCP 协议，可以抓取一次完整的 FTP 会话，而 DNS 使用了 UDP 协议，在虚拟机（虚拟机 1）里将 TCP/IP 参数里的 DNS 解析指向另一台虚拟机（虚拟机 2），虽然虚拟机 2 没有设置 DNS 解析，但是只要访问 DNS 都可以抓到 UDP 数据报，设置完毕后，在虚拟机 1 的 DOS 界面中输入命令 “nslookup”，就可以在虚拟机间抓到 UDP 数据报了。

2. TCP/IP 模型与 OSI 参考模型

TCP/IP 组的 4 层模型、OSI 参考模型和常用协议的对应关系如图 3-26 所示。

3. 网络协议 IP

IP 协议已经成为世界上最重要的网际协议。IP 的功能定义在有 IP 头结构（见图 3-27）的数据中。IP 是网络层上的主要协议，同时被 TCP 协议和 UDP 协议使用。

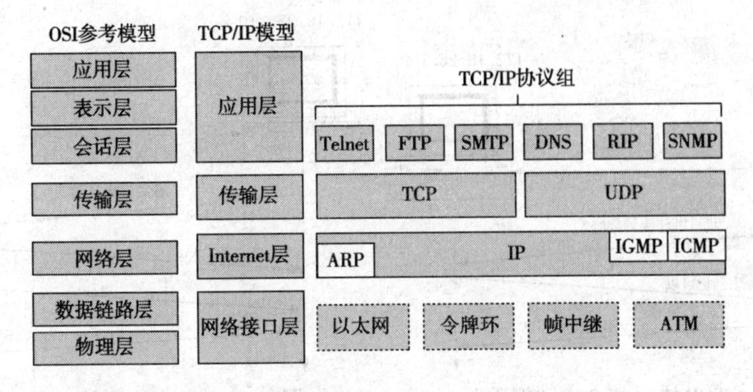

图 3-26　TCP/IP 组的 4 层模型、OSI 参考模型和常用协议的对应关系

版本（4位）	头长度（4位）	服务类型（8位）	封包总长度（16位）
封包标识（16位）		标志（3位）	片断偏移地址（13位）
存活时间（8位）	协议（8位）	校验和（16位）	
来源IP地址（32位）			
目的IP地址（32位）			
选项（可选）		填充（可选）	
数据			

图 3-27　IP 头结构

4. 传输控制协议 TCP

传输控制协议 TCP 的结构如图 3-28 所示。

来源端口（2字节）			目的端口（2字节）		
序号（4字节）			确认序号（4字节）		
头长度（4位）			保留（6位）		
URG	ACK	PSH	RST	SYN	PIN
窗口大小（2字节）			校验和（16位）		
紧急指针（16位）			选项（可选）		
数据					

图 3-28　TCP 头结构

TCP 提供两个网络主机之间的点对点通信，TCP 从程序中接收数据并将数据处理成字节流。首先将字节分成段，然后对段进行编号和排序以便传输。在两个 TCP 主机之间交换数据之前，必须先相互建立会话。TCP 会话通过 3 次握手完成初始化，这个过程使序号同步，并提供在两个主机之间建立虚拟连接所需的控制信息。TCP 在建立连接的时候需要 3 次确认，俗称 3 次"握手"(见图 3-29)。需要断开连接的时候，TCP 也需要互相确认才可以断开连接，俗称 4 次"挥手"(见图 3-30)。

5. 用户数据报协议 UDP

UDP(见图 3-31)为应用程序提供发送和接收数据报的功能。某些程序(如腾讯的 OICQ)使用的是 UDP 协议，UDP 协议在 TCP/IP 主机之间建立快速、轻便、不可靠的数据传输通道。UDP 提供的是非连接的数据报服务，意味着 UDP 无法保证任何数据报的传递和验证。

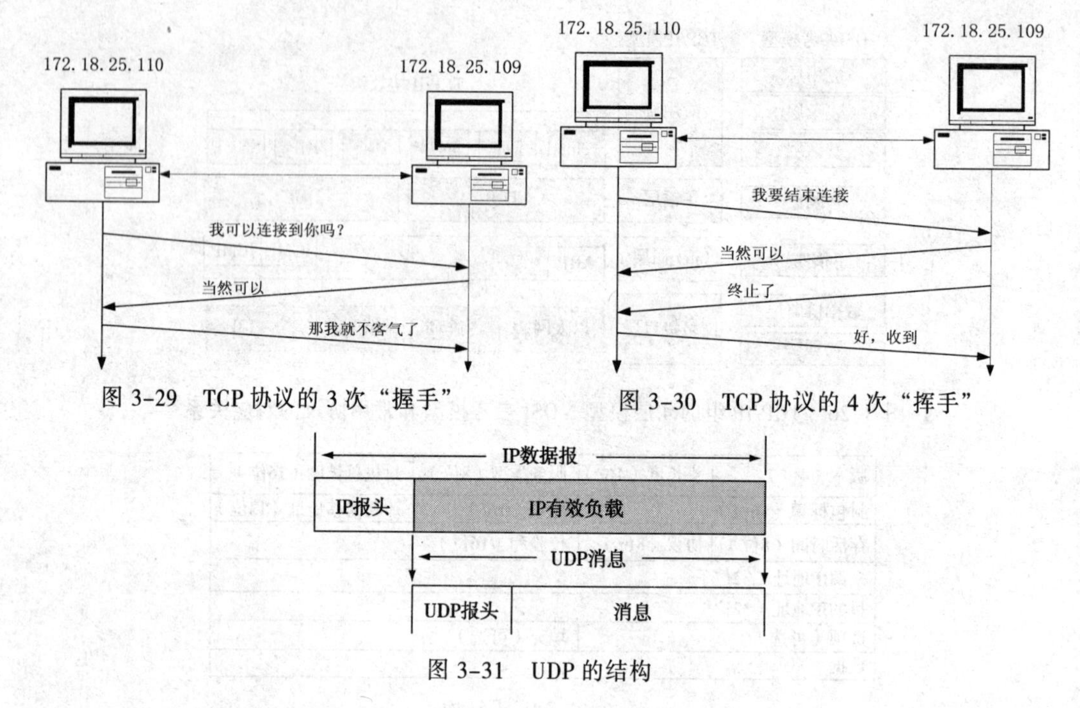

图 3-29　TCP 协议的 3 次“握手”

图 3-30　TCP 协议的 4 次“挥手”

图 3-31　UDP 的结构

习题

1. 使用 Sniffer Pro 抓包分析 IP 报头。
2. 抓取一次完整的 TCP 会话并分析 TCP 的工作原理。
3. 抓取 UDP 数据报进行分析。
4. 说明 TCP 与 UDP 的区别。
5. 熟练使用 Wireshark 软件进行抓包分析。

3.2　网络入侵与防范

为了更好地防范网络攻击，需要知道网络攻击的常用手段和技巧，只有了解攻击技术的工作原理及攻击手段，才能更好地部署对应的防范方法。

3.2.1　社会工程学攻击与防范

什么是社会工程学？社会工程学是一门科学，它有技巧地操纵人们在生活中的某些方面采取某种行动。社会工程学研究系统中最薄弱的一环——人，以及如何运用人性攻击的技巧攻破看似安全的系统。

社会工程学是使用计谋和假情报去获得密码和其他敏感信息的科学，研究一个站点的策略其中之一就是尽可能多地了解这个组织的个体，因此黑客不断试图寻找更加精妙的方法从他们希望渗透的组织那里获得信息。

举例说明：一组高中学生曾经想要进入一个当地公司的计算机网络，他们拟定了一个表格，调查看上去显得无害的个人信息，例如所有秘书和行政人员及他们的配偶、孩子的名字，利用这份表格这些学生能够快速地进入系统，因为网络上的大多数人是使用宠物和他们配偶的名字作为密码的。

目前社会工程学攻击主要包括两种方式：打电话请求密码和伪造 Email。

① 打电话请求密码。尽管不像前面讨论的策略那样聪明，打电话询问密码也经常奏效。在社会工程中那些黑客经常冒充失去密码的合法雇员，通过这种简单的方法获得密码。

② 伪造 Email。使用 Telnet，一个黑客可以截取任何一个身份发送 Email 的全部信息，这样的 Email 消息是真实的，因为它发自于一个合法的用户。在这种情形下这些信息显得是绝对的真实，黑客可以伪造这些。一个冒充系统管理员或经理的黑客就能较为轻松地获得大量的信息，黑客就能实施他们的恶意阴谋。

要防范社会工程学攻击的主要方法是对私人信息要有高度的保密性，对于涉及私人信息的内容要有高度的警觉性。

3.2.2 暴力攻击与防范

针对一个安全系统进行暴力攻击需要大量的时间，需要极大的意志力和决心。然而，由于不适宜的安全设置和策略，一些系统非常易于暴露在这种攻击之下。不过暴力攻击经常容易被检测到，因为攻击时经常需要重复连接。

字典攻击是最常见的一种暴力攻击。如果黑客试图通过使用传统的暴力攻击方法获得密码，将不得不尝试每种可能的字符。字典攻击通过仅仅使用某种具体的密码来缩小尝试的范围，大多数用户使用标准单词作为一个密码，字典攻击试图通过利用包含单词列表的文件来破解密码。强壮的密码则通过结合大小写字母、数字和通配符来阻碍字典攻击。

1. 字典文件

字典攻击能否成功，很大程度上取决于字典文件。好的字典文件可以高效快速地得到系统的密码。攻击不同公司、不同地域的计算机，可以根据公司管理员的姓氏以及家人的生日，将其作为字典文件的一部分，公司以及部门的简称一般也可以作为字典文件的一部分，这样可以大大提高破解效率。

字典文件本身是标准的文本文件，其中的每一行就代表一个可能的密码。目前有很多工具软件专门用来创建字典文件，图 3-32 是一个简单的字典文件。

图 3-32 一个简单的字典文件

2. 暴力破解操作系统密码

字典文件为暴力破解提供了一条捷径，程序首先通过扫描得到系统的用户，然后利用字典中的每一个密码来登录系统，看是否成功，如果成功则将密码显示。

比如使用图3-32所示的字典文件，利用工具软件GetNTUser可以将管理员密码破解出来，如图3-33所示。

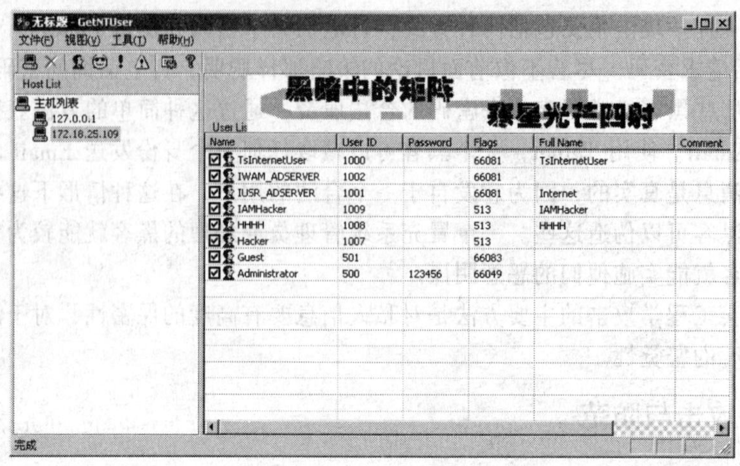

图 3-33　破解系统密码

3. **暴力破解邮箱密码**

邮箱的密码一般需要设置到8位以上，7位以下的密码很容易被破解。尤其7位全部是数字，更容易被破解。邮箱密码的破解方式有多种，大体上可以分为3类：攻击邮箱终端服务器法、网络拦截法和输入端直接破解法。其中前面两种方法需要综合邮箱终端服务器特点、网络通信协议等信息，才能正确破解邮箱密码，这些方法大多比较复杂，需要了解的东西很多、很全，不容易掌握。所以，这些方法一般的适用范围比较窄，只能针对特定的邮箱服务器或网络。第三种方法，是在输入端直接输入匹配字符的方法，这里面的很多破解方法也需要预知和估计某些有用信息。这些方法中最有代表性的，也是最有效的就是暴力破解邮箱密码法。

暴力破解邮箱密码是基于穷举的一种破解邮箱密码的方法。就目前来说，此方法比较全面，所以适用范围广，另外无须考虑服务器特点、网络等因素的影响，相比其他的破解方法，成功率高、简单、方便。但是时间上不如其他方法，它需要消耗很长时间。

4. **暴力破解软件密码**

目前许多软件都具有加密的功能，如Office文档、WinZip文档和WinRAR文档等。这些文档密码可以有效地防止文档被他人使用和阅读。但是如果密码位数不够长，同样容易被破解。

5. **暴力破解的防范**

暴力破解主要是利用字典文件进行的，字典文件里存放着黑客猜想的各种各样的密码，要针对暴力攻击进行防范应主要从密码上下功夫，主要有以下几点：

① 密码尽量不要用个人的生日等容易获得的信息；

② 密码包含的字符尽量要多种多样；

③ 要定期更新密码。

3.2.3 漏洞攻击与防范

漏洞是指在硬件、软件、协议的具体实现中或系统安全策略上存在的缺陷。攻击者能够利用漏洞在未授权的情况下访问或破坏系统。

系统漏洞是 Windows 操作系统中存在的一些不安全的组件或应用程序。黑客们通常会利用这些系统漏洞，绕过防火墙、杀毒软件等安全保护软件，对安装 Windows 操作系统的服务器或计算机进行攻击，从而控制被攻击的计算机。一些病毒或流氓软件也会利用这些系统漏洞，对用户的计算机进行感染，以达到广泛传播的目的。这些被控制的计算机轻则导致系统运行缓慢，无法正常使用计算机，重则导致计算机上用户的关键信息被窃取。

通过安装操作系统的补丁程序，就可以消除漏洞。只要是针对漏洞进行攻击的案例都依赖于操作系统是否安装了相关的补丁。

1. Unicode 漏洞

Unicode 漏洞是利用扩展 Unicode 字符取代“/”和“\”而能利用“../”目录遍历的漏洞。使用扫描工具来检测 Unicode 漏洞是否存在，使用 X-Scan 来对目标系统进行扫描，目标主机 IP 为：172.18.25.109，Unicode 漏洞属于 IIS 漏洞，所以这里只扫描 IIS 漏洞即可，X-Scan 设置如图 3-34 所示。

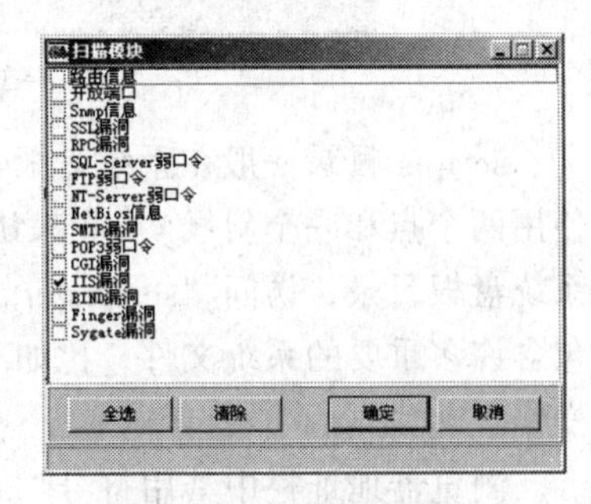

图 3-34　设置扫描选项

将主机添加到目标地址，扫描结果如图 3-35 所示。

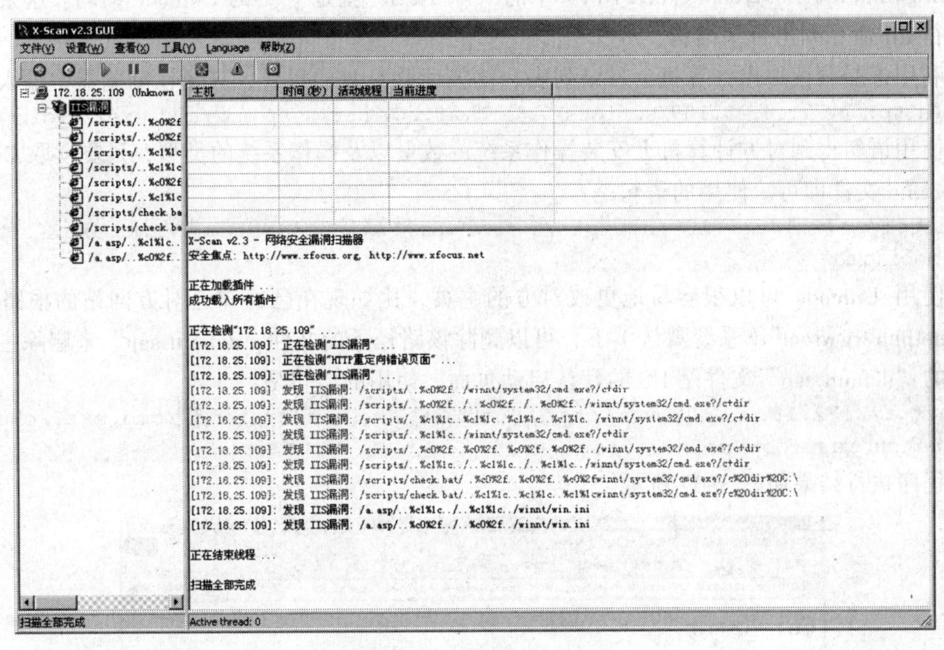

图 3-35　漏洞扫描结果

可以看出，存在许多的系统漏洞。只要是/scripts 开头的漏洞都是 Unicode 漏洞。比如：

```
/scripts/..%c0%2f../winnt/system32/cmd.exe?/c+dir
```

其中/scripts 目录是 IIS 提供的可以执行命令的一个有执行程序权限的目录，在 IIS 中的位置如图 3-36 所示。

图 3-36 “Scripts”文件夹在 IIS 中的位置

scripts 目录一般在系统盘根目录下的 Inetpub 目录下，在 Windows 的目录结构中，可以使用两个点和一个斜线“../”来访问上一级目录，在浏览器中利用“scripts/../../”可以访问到系统盘根目录，访问“scripts/../../winnt/system32”就访问到系统目录了，在 system32 目录下包含许多重要的系统文件，比如 cmd.exe 文件，可以利用该文件进行新建用户、删除文件等操作。

浏览器地址栏中禁用符号“../”，但是可以使用符号“/”的 Unicode 编码。比如“/scripts/..%c0%2f../winnt/system32/cmd.exe?/c+dir”中的“%c0%2f”就是“/”的 Unicode 编码。这条语句是执行 dir 命令列出目录结构。

利用该漏洞读取出计算机上目录列表，比如读取 C 盘的目录，只要在浏览器中输入：

```
“http://172.18.25.109/scripts/..%c0%2f../winnt/system32/cmd.exe?/c+dir+c:\"
```

使用语句得到对方计算机上安装操作系统的数量以及操作系统的类型，只要读取 C 盘下的 boot.ini 文件即可。使用的语句是：

```
http://172.18.25.109/scripts/..%c0%2f../winnt/system32/cmd.exe?/c+type
+c:\boot.ini
```

使用 Unicode 可以很容易地更改对方的主页，比如现在已经知道对方网站的根路径在“C:\Inetpub\wwwroot”（系统默认）下，可以删除该路径下的文件“default.asp”来删除主页，这里的“default.asp”文件是 IIS 的默认启动页面。使用的语句是：

```
http://172.18.25.109/scripts/..%c0%2f../winnt/system32/cmd.exe?/c+del+
c:\inetpub\wwwroot\default.asp
```

程序执行结果如图 3-37 所示。

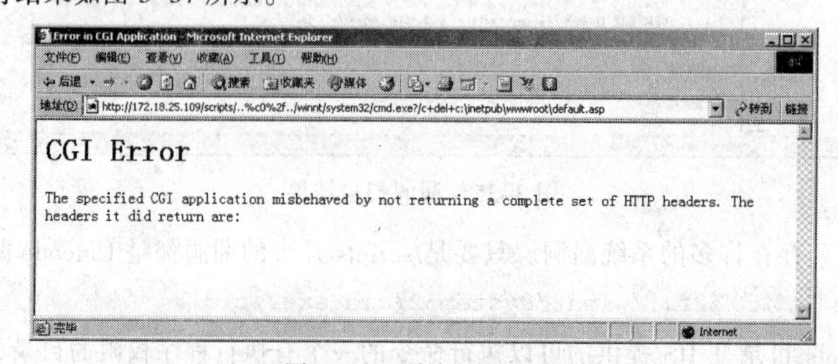

图 3-37 删除对方主页

出现这个界面说明已经成功删除对方主页。

2. SMB 致命攻击

SMB（Session Message Block，会话消息块）协议又叫做 NetBIOS 或 LanManager 协议，用于不同计算机之间文件、打印机、串口和通信的共享和用于 Windows 平台上提供磁盘和打印机的共享。利用该协议可以进行各方面的攻击，比如可以抓取其他用户访问自己计算机共享目录的 SMB 会话包，然后利用 SMB 会话包登录对方的计算机。

3. 漏洞攻击的防范

（1）提高防范意识

管理员通常比较注意微软发布的 Windows 漏洞，并会及时地为系统安装补丁程序，但系统上运行的第三方服务程序却常被忽略。

系统中运行的远程访问或数据库服务等，都在不同程度上存在有漏洞，管理员应该同样关注这些第三方的服务程序，注意厂商发布的漏洞，并及时地安装补丁或升级服务程序。此外，还有一类漏洞存在于处理文件的应用程序中，如微软的 Word 文档、图形文件、Adobe 的 PDF 文档、Realplayer 的视频文件等。当管理员打开这些带有恶意溢出代码的文件时，系统就为黑客敞开大门了。

（2）注意异常连接和系统日志

有种错误认识认为系统安装了防火墙和防病毒程序就能有效地防御针对漏洞的攻击。但从 TCP/IP 分层结构来考虑，防火墙是工作在传输层的，而漏洞溢出攻击的代码往往是针对应用层的程序，因此对这类攻击是无法检测的。

（3）合理限制服务程序的权限

当黑客利用漏洞成功溢出后，会得到一个远程连接的 Cmdshell，这个 Cmdshell 的权限往往继承了被溢出的服务程序的初始权限，而大部分服务都是运行在系统的 System 账户权限下的，该账户的权限甚至超过了系统中的 Administrator 账户。也就是说，如果溢出成功，黑客将成为系统中的管理员。

（4）修改应用程序的安全属性

当黑客得到一个较小权限的 Cmdshell，往往不会善罢甘休，可能会通过上传一个本地溢出的攻击程序进一步扩大其权限。所以说，即使是较小权限的 Cmdshell 也是危险的。

3.2.4 拒绝服务攻击与防范

拒绝服务攻击的简称是 DoS（Denial of Service）攻击，凡是造成目标计算机拒绝提供服务的攻击都称为 DoS 攻击，其目的是使目标计算机或网络无法提供正常的服务。最常见的 DoS 攻击是计算机网络带宽攻击和连通性攻击。带宽攻击是以极大的通信量冲击网络，使网络中所有可用的带宽都被消耗掉，最后导致合法用户的请求无法通过。连通性攻击指用大量的连接请求冲击计算机，最终导致计算机无法再处理合法用户的请求。一个最贴切的例子就是：有成百上千的人给同一个电话打电话，这样其他的用户就再也打不进电话了，这就是连通性 DoS 攻击。比较著名的拒绝服务攻击包括 SYN 风暴、Smurf 攻击和利用处理程序错误进行攻击。

1. SYN风暴

两台主机建立连接时，接收端会为每个连接分配 280 字节的内存单元。黑客利用这个特点同时给目标主机发送大量 TCP 连接请求（没有真正建立连接，仅是一方的连接请求，称为半连接，利用了 TCP 需要“三次握手”建立连接），系统会因为过多的连接而耗尽内存资源，进而拒绝为合法用户提供服务。但是对已建立的连接没有影响。因为攻击者持续不断地发送 SYN 包（请求连接的包），故称为 SYN 风暴。

攻击过程如图 3-38 所示。

2. Smurf攻击

Smurf 攻击是以最初发动这种攻击的程序名 Smurf 来命名的。这种攻击方法结合使用了 IP 欺骗和带有广播地址的 ICMP 请求-响应方法，使大量网络传输充斥目标系统，引起目标系统拒绝为正常系统进行服务，属于间接、借力攻击方式。

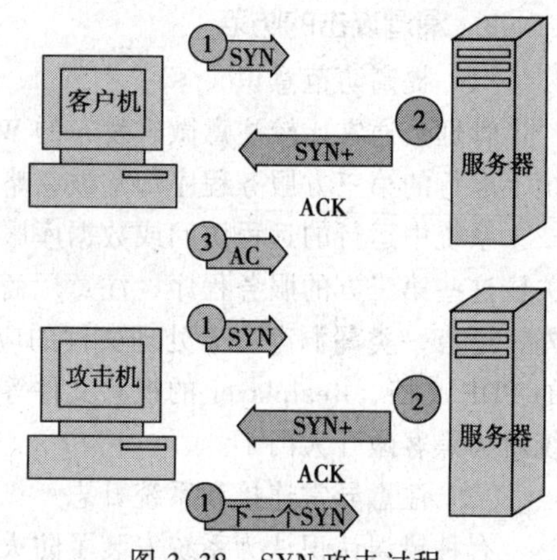

图 3-38　SYN 攻击过程

Smurf 攻击行为的完成涉及 3 个元素：攻击者、中间脆弱网络和目标受害者。攻击者伪造一个 ICMP 请求包，其源地址为受害主机，将请求包发送到中间脆弱网络（不过滤广播包）。中间脆弱网络的主机收到请求包后，发送响应数据包给受害主机，大量同时返回的响应数据包造成网络严重拥塞、丢包，甚至完全不可用。

3. 分布式拒绝服务攻击（DDoS）

特点：先用一些典型的黑客入侵手段控制一些高带宽的服务器，然后在这些服务器上安装攻击进程，集数十台、数百台机器的力量对单一的攻击目标实施攻击，目标主机很快就会不胜重负而瘫痪。

攻击手段：先控制主控端，并安装特定程序，再入侵并控制分布端，多个分布端能同时响应命令，并向目标主机发送拒绝服务攻击数据包。攻击实施的顺序为：攻击者→主控端→分布端→目标主机。

4. 拒绝服务攻击的防范

拒绝服务攻击会造成时间和金钱上的巨大损失，成为网络经济和电子商务的拦路虎，因此制订防范策略，实施保护措施，提高系统的防御能力十分重要，可以采取下面这些措施来对拒绝服务攻击进行防范。

① 使用容错和冗余网络硬件。
② 软件备份，信息备份。
③ 主动监视或设置网关。
④ 及时给系统安装补丁，定期检查系统安全，分析日志文件。
⑤ 优化路由器配置。
⑥ 使用 DNS 来跟踪匿名攻击等。

3.2.5 黑客入侵事件

最近多名员工发现自己计算机中的内容突然丢失或被篡改，有的计算机还出现莫名其妙的重新启动现象。管理员接到报告后迅速到现场查看，发现这几台计算机的硬盘均被不同程度地共享了，有的计算机正在运行的进程服务被突然停止，更有甚者，有的计算机的鼠标指针竟然会自行移动，并执行了某些操作，而查看这些计算机的日志却没有任何发现。

从这几台计算机上发生的现象看，非常明显是被黑客攻击了，进一步地查看这几台出现问题的计算机，它们存在着一些共同点：有的员工为了自己使用方便或其他一些原因，将自己计算机的用户名和密码记录在计算机旁边；有的员工设置的用户名和密码非常简单，甚至根本没有设置密码；几台计算机的操作系统默认打开了 IPC$共享和默认共享；几台计算机有的未安装任何杀毒软件和防火墙，有的安装了杀毒软件但很久未做升级。由于有的办公室经常有外人进出，不排除他们的用户名和密码等信息被他人获知的可能性，计算机中未安装杀毒软件和防火墙，导致他人利用黑客工具可以非常轻松地攻击计算机。

管理员将计算机被黑客攻击的结论告诉了这几位员工，他们觉得不可思议，他们提出了很多问题：难道我们的身边真的存在黑客？黑客究竟用什么样的方法控制了我们的计算机？今后我们应该如何防范黑客攻击等。

为了增强员工们的网络安全防范意识，管理员决定利用一些小工具软件为员工模拟计算机被攻击的过程，并在操作过程中指出应该如何应对和防范黑客的攻击。

黑客攻击的手段和方法很多，管理员制订了两套演示方案，演示过程中用到一些从网上下载的黑客攻击软件，但是大部分均能被最新的杀毒软件或防火墙检测出来并当作病毒或木马进行隔离或删除处理。为了实现黑客攻击的演示，先将自己计算机中的防火墙和杀毒软件关闭。

方案 1　假设两台主机 A、B，其中主机 A 作为实施攻击的主机，主机 B 作为被攻击的主机，并使两台主机能互相通信。主机 A 首先要获得主机 B 的管理员用户和密码，可通过扫描，寻找管理员用户和密码弱口令，若扫描不到密码则暴力破解，若主机 B 经常更换高强度密码，则对主机进行漏洞攻击，查看主机 B 的目录、操作系统及删除主页操作，最后删除入侵痕迹。

方案 2　使用 NTscan 变态扫描器、Recton、DameWare 迷你中文版 4.5。

NTscan 变态扫描器可以对指定 IP 地址段的所有主机进行扫描，扫描方式有 IPC 扫描、SMB 扫描、WMI 扫描 3 种，可以扫描打开某个指定端口的主机，通过扫描可以得到其中弱口令主机的管理员用户和密码。

Recton 是一个典型的黑客攻击软件，只要拥有某一个远程主机的管理员账户和密码，并且远程主机的 135 端口和 WMI 服务（默认启动）都开启，就可以利用该软件完成远程开关 Telnet，远程运行 CMD 命令，远程重启和查杀进程，远程查看、启动和停止服务，查看和创建共享，种植木马，远程清除所有日志等操作。

DameWare 迷你中文版 4.5 是一款远程控制软件，只要拥有一个远程主机的账户和密码，就可以对该主机实施远程监控，监视远程主机的所有操作甚至达到控制远程主机的目的。

选择两台计算机 A、B，其中主机 A 作为实施攻击的主机，主机 B 作为被攻击的主机并将两台主机接入局域网中。分别使用 3 种软件进行攻击演示。

小知识

1. 缓冲区溢出攻击

目前最流行的一种攻击技术就是缓冲区溢出攻击。当目标操作系统收到了超过了它的最大能接收的信息量时，将发生缓冲区溢出。这些多余的数据将使程序的缓冲区溢出，然后覆盖了实际的程序数据，缓冲区溢出使目标系统的程序被修改，经过这种修改的结果便是在系统上产生了一个后门。这项攻击对技术要求比较高，但是攻击的过程却非常简单。缓冲区溢出原理很简单，比如程序：

```
void function(char * szPara1)
{
  char buff[16];
  strcpy(buffer, szPara1);
}
```

程序中利用 strcpy()函数将 szPara1 中的内容复制到 buff 中，只要 szPara1 的长度大于 16，就会造成缓冲区溢出。存在 strcpy()函数这样问题的 C 语言函数还有：strcat()、gets()、scanf()等。

2. 网络后门与网络隐身

为了保持对已经入侵的主机长久的控制，需要在主机上建立网络后门，以后便可以直接通过后门入侵系统，可以通过远程开启 Telnet 服务或者让禁用的 Guest 具有管理员权限等方式。当入侵主机以后，通常入侵者的信息就被记录在主机的日志中，比如 IP 地址、入侵的时间以及做了哪些破坏活动等，为了使入侵的痕迹不被发现，需要隐藏或者清除入侵的痕迹。实现隐身有两种方法：设置代理跳板和清除系统日志。设置网络代理跳板是入侵"五部曲"的第 1 步，也是重要的一步，这一步的要求是不把自己真实的 IP 地址暴露出来，而清除日志是黑客入侵的最后的一步，黑客能做到来无影去无踪，这一步起到了决定性的作用，清除日志时需要清除 IIS 日志与主机日志。

习题

1. 打电话请求密码属于（　　）攻击方式。
   A. 木马　　B. 社会工程学
   C. 电话系统漏洞　　D. 拒绝服务
2. 一次字典攻击能否成功，很大因素上取决于（　　）。
   A. 字典文件　　B. 计算机速度
   C. 网络速度　　D. 黑客学历
3. SYN 风暴属于（　　）攻击。
   A. 拒绝服务攻击　　B. 缓冲区溢出攻击
   C. 操作系统漏洞攻击　　D. 社会工程学攻击
4. 下面不属于 DoS 攻击的是（　　）。
   A. Smurf 攻击　　B. Ping of Death
   C. Land 攻击　　D. TFN 攻击
5. 木马程序一般由两部分组成：________和________。

6. 简述木马由来，并简述木马和后门的区别。

7. 简述黑客攻击和网络安全的关系。

8. 使用 Word-Excel 密码暴力破解器破解 Word 文档密码。

9. 简述暴力攻击的原理。

10. 简述 DDoS 的特点以及常用的攻击手段，如何防范？

11. 开启 Windows 7 系统自动更新补丁功能。

3.3 防火墙配置与入侵检测

3.3.1 防火墙与入侵检测

1. 防火墙的定义

防火墙的本义原是指古代人们房屋之间修建的墙，这道墙可以防止火灾发生的时候蔓延到别的房屋，这里所说的防火墙不是指为了防火而造的墙，而是指隔离在本地网络与外界网络之间的一道防御系统。

在互联网上，防火墙是一种非常有效的网络安全系统，通过它可以隔离风险区域（Internet 或有一定风险的网络）与安全区域（局域网）的连接，同时不会妨碍安全区域对风险区域的访问。防火墙作为在两个网络通信时执行的一种访问控制尺度，它能允许“同意”的人和数据进入网络，同时将“不同意”的人和数据拒之门外，最大限度地阻止网络中的黑客来访问网络。流入流出的所有网络通信和数据包均要经过防火墙才能起到安全作用，换句话说，如果不通过防火墙，公司内部的人就无法访问 Internet，Internet 上的人也无法和公司内部的人进行通信。

2. 防火墙的功能

根据不同的需要，防火墙的功能有比较大差异，但是一般都包含以下 3 种基本功能。

① 可以限制未授权的用户进入内部网络，过滤掉不安全的服务和非法用户。

② 防止入侵者接近网络防御设施。

③ 限制内部用户访问特殊站点。

由于防火墙假设了网络边界和服务，因此适合于相对独立的网络，例如 Intranet 等种类相对集中的网络。Internet 上的 Web 网站中，超过 1/3 的站点都是有某种防火墙保护的，任何关键性的服务器，都应该放在防火墙之后。

3. 防火墙的局限性

没有万能的网络安全技术，防火墙也不例外。防火墙有以下 3 方面的局限：

① 防火墙不能防范网络内部的攻击。比如：防火墙无法阻止变节者或内部间谍将敏感数据复制到存储设备上。

② 防火墙也不能防范那些伪装成超级用户或诈称新雇员的黑客们劝说没有防范心理的用户公开其口令，并授予其临时的网络访问权限。

③ 防火墙不能防止传送已感染病毒的软件或文件，不能期望防火墙对每一个文件进行扫描，查出潜在的病毒。

4. **防火墙的分类**

防火墙发展至今已经历经3代，分类方法也各式各样。例如按照形态划分可以分为硬件防火墙及软件防火墙；按照保护对象划分可以分为单机防火墙及网络防火墙等。但总的来说，最主流的划分方法是按照访问控制方式进行分类。

按照访问控制方式，防火墙有3种类型：包过滤防火墙、代理防火墙和状态检测防火墙。

（1）包过滤防火墙

包过滤是指在网络层对每一个数据包进行检查，根据配置的安全策略转发或丢弃数据包。包过滤防火墙的基本原理是：通过配置访问控制列表（Access Control List，ACL）实施对数据包的过滤。主要基于数据包中的源/目的IP地址、源/目的端口号、IP标识和报文传递的方向等信息。

包过滤防火墙的设计简单，非常易于实现，而且价格便宜。但随着ACL复杂度和长度的增加，其过滤性能呈指数下降趋势，并且静态的ACL规则难以适应动态的安全要求，包过滤不检查会话状态也不分析数据，这很容易让黑客蒙混过关。例如，攻击者可以使用假冒地址进行欺骗，通过把自己主机的IP地址设成一个合法主机的IP地址，就能很轻易地通过报文过滤器。

（2）代理防火墙

代理服务作用于网络的应用层，其实质是把内部网络和外部网络用户之间直接进行的业务由代理接管。代理检查来自用户的请求，用户通过安全策略检查后，该防火墙将代表外部用户与真正的服务器建立连接，转发外部用户请求，并将真正服务器返回的响应回送给外部用户。

代理防火墙能够完全控制网络信息的交换，控制会话过程，具有较高的安全性。代理防火墙缺点主要表现在软件实现限制了处理速度，易于遭受拒绝服务攻击，需要针对每一种协议开发应用层代理，开发周期长，而且升级很困难。

（3）状态检测防火墙

状态检测是包过滤技术的扩展。基于连接状态的包过滤在进行数据包的检查时，不仅将每个数据包看成是独立单元，还要考虑前后报文的历史关联性。我们知道，所有基于可靠连接的数据流（即基于TCP协议的数据流）的建立都需要经过“客户端同步请求”“服务器应答”以及“客户端再应答”3个过程（即“三次握手”过程），这说明每个数据包都不是独立存在的，而是前后有着密切的状态联系的。基于这种状态联系发展出了状态检测技术。

基本原理简述如下：状态检测防火墙使用各种会话表来追踪激活的TCP会话和UDP伪会话，由访问控制列表决定建立哪些会话，数据包只有与会话相关联时才会被转发。其中UDP伪会话是在处理UDP协议包时为该UDP数据流建立虚拟连接（UDP是面向无连接的协议），以对UDP连接过程进行状态监控的会话。状态检测防火墙在网络层截获数据包，然后从各应用层提取出安全策略所需要的状态信息，并保存到会话表中，通过分析这些会话表和与该数据包有关的后续连接请求来做出恰当决定。

5. **防火墙安全区域定义**

以华为防火墙为例，防火墙支持多个安全区域，即默认支持非受信区域（Untrust）、非军事化区域（DMZ）、受信区域（Trust）、本地区域（Local）4种预定义的安全区域外，还支持用户自定义安全区域。

① 非受信区域：低安全级别的安全区域，安全级别为5。

② 非军事化区域：中等安全级别的安全区域，安全级别为50。

③ 受信区域：较高安全级别的安全区域，安全级别为85。

④ 本地区域：最高安全级别的安全区域，安全级别为100。

这4个安全区域无须创建，也不能删除，同时各安全级别也不能重新设置。安全级别用1~100的数字表示，数字越大表示安全级别越高。

需要注意的是，将接口加入安全区域这个操作，实际上意味着将该接口所连网络加入到安全区域中，而该接口本身仍然属于系统预留用来代表设备本身的Local安全区域。

两个安全区域之间（简称安全域间）的数据流分两个方向：

① 入方向（inbound）：数据由低安全级别的安全区域向高安全级别的安全区域传输的方向；

② 出方向（outbound）：数据由高安全级别的安全区域向低安全级别的安全区域传输的方向。

不同安全级别的安全区域间的数据流动都将激发USG进行安全策略的检查。可以事先为同一安全域间的不同方向设置不同的安全策略，当有数据流在此安全域间的两个不同方向上流动时，将触发不同的安全策略检查。

6. 入侵检测系统

入侵检测系统IDS（Intrusion Detection System）指的是一种硬件或者软件系统，该系统对系统资源的非授权使用能够做出及时的判断、记录和报警。入侵者可分为两类：外部入侵者和内部入侵者。外部入侵者一般指来自局域网外的非法用户和访问受限制的内部用户；内部入侵者指假扮或其他有权访问敏感数据的内部用户或者是能够关闭系统审计功能的内部用户，内部入侵者不仅难以发现而且更具危险性。

入侵检测是一种增强系统安全的有效方法，能检测出系统中违背系统安全性规则或者威胁到系统安全的活动。检测时，通过对系统中用户行为或系统行为的可疑程度进行评估，并根据评价结果来鉴别系统中行为的正常性，从而帮助系统管理员进行安全管理或对系统所受到的攻击采取相应的对策。

7. 入侵检测系统的类型和性能比较

根据入侵检测的信息来源不同，可以将入侵检测系统分为两类：基于主机的入侵检测系统和基于网络的入侵检测系统。

（1）基于主机的入侵检测系统

主要用于保护运行关键应用的服务器，它通过监视与分析主机的审计记录和日志文件来检测入侵。日志中包含发生在系统上的不寻常和不期望活动的证据，这些证据可以指出有人正在入侵或已成功入侵了系统。通过查看日志文件，能够发现成功的入侵或入侵企图，并很快地启动相应的应急响应程序。

（2）基于网络的入侵检测系统

主要用于实时监控网络关键路径的信息，它监听网络上的所有分组来采集数据，分析可疑现象。

8. 入侵检测的方法

入侵检测常用的方法有3种：静态配置分析、异常性检测方法和基于行为的检测方法。

（1）静态配置分析

静态配置分析通过检查系统的配置，诸如系统文件的内容，来检查系统是否已经或者可

能会遭到破坏。静态是指检查系统的静态特征（如系统配置信息）。采用静态分析方法是因为入侵者对系统攻击时可能会留下痕迹，可通过检查系统的状态检测出来。

（2）异常性检测方法

异常性检测方法是一种在不需要操作系统及其安全性缺陷的专门知识的情况下，就可以检测入侵者的方法，同时它也是检测冒充合法用户的入侵者的有效方法。但是。在许多环境中，为用户建立正常行为模式的特征轮廓以及对用户活动的异常性进行报警的门限值的确定都是比较困难的事。因为并不是所有入侵者的行为都能够产生明显的异常性，所以在入侵检测系统中，仅使用异常性检测技术不可能检测出所有的入侵行为。而且，有经验的入侵者还可以通过缓慢地改变他的行为，来改变入侵检测系统中的用户正常行为模式，使其入侵行为逐步变为合法，这样就可以避开使用异常性检测技术的入侵检测系统的检测。

（3）基于行为的检测方法

基于行为的检测方法通过检测用户行为中的那些与某些已知的入侵行为模式类似的行为或那些利用系统中缺陷或者是间接地违背系统安全规则的行为，来检测系统中的入侵活动。

基于入侵行为的入侵检测技术的优势：如果检测器的入侵特征模式库中包含一个已知入侵行为的特征模式，就可以保证系统在受到这种入侵行为攻击时能够把它检测出来。但是，目前主要是从已知的入侵行为以及已知的系统缺陷来提取入侵行为的特征模式，加入到检测器入侵行为特征模式库中，来避免系统以后再遭受同样的入侵攻击。

9. 入侵检测的步骤

入侵检测系统的作用是实时地监控计算机系统的活动，发现可疑的攻击行为，以避免攻击的发生，或减少攻击造成的危害。由此也划分了入侵检测的 3 个基本步骤：信息收集、数据分析和响应。

① 信息收集：入侵检测的第一步就是信息收集，收集的内容包括整个计算机网络中系统、网络、数据及用户活动的状态和行为。入侵检测在很大程度上依赖于收集信息的可靠性、正确性和完备性。

② 数据分析：数据分析是入侵检测系统的核心，它的效率高低直接决定了整个入侵检测系统的性能。根据数据分析的不同方式可将入侵检测系统分为异常入侵检测与误用入侵检测两类。

③ 响应：数据分析发现入侵迹象后，入侵检测系统的下一步工作就是响应。

3.3.2 配置个人防火墙

个人防火墙是防止计算机中的信息被外部侵袭的一项技术，在系统中监控、阻止任何未经授权允许的数据进入或发送到互联网及其他网络系统。

1. 开启 Windows 7 系统防火墙

当用户防火墙关闭时，在通知栏处的“白旗”图标就会出现一个红叉，提示用户“防火墙”关闭（见图 3-39）。防火墙是 Windows 系统中的一道防护门，如果关闭很容易遭到病毒入侵，所以要开启这道门提防病毒入侵。

图 3-39　系统防火墙关闭提示

选择“开始”→“控制面板”命令，在打开的窗口中选择“系统和安全”选项，单击“系统和安全”面板中的“Windows 防火墙”（见图 3-40），启动后通知栏下的“白旗”图标红叉消失了。

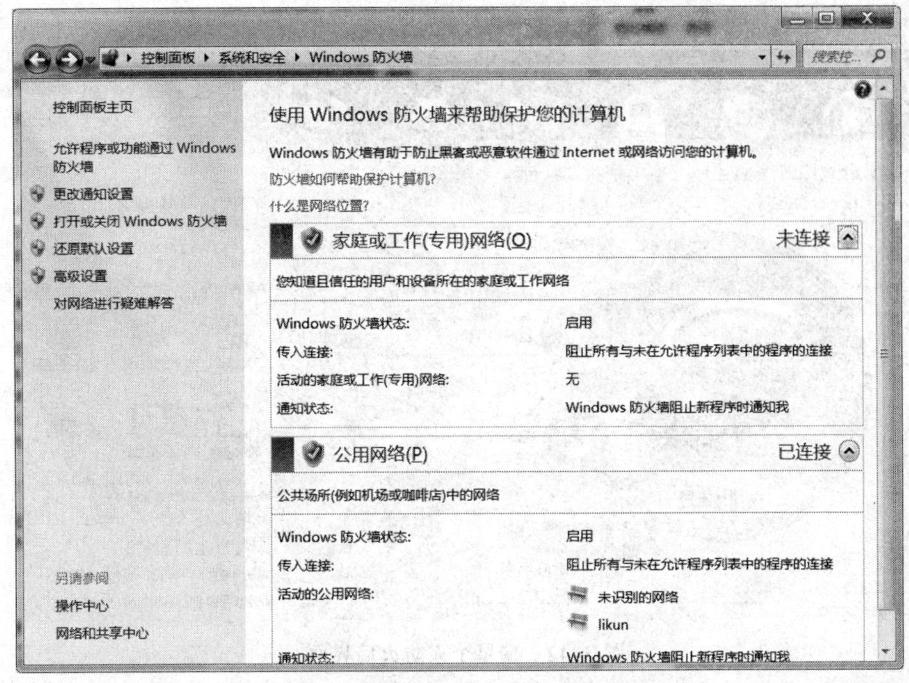

图 3-40 “Windows 防火墙”窗口

单击左侧“高级设置”可以进行更加详细的设置（见图 3-41）。

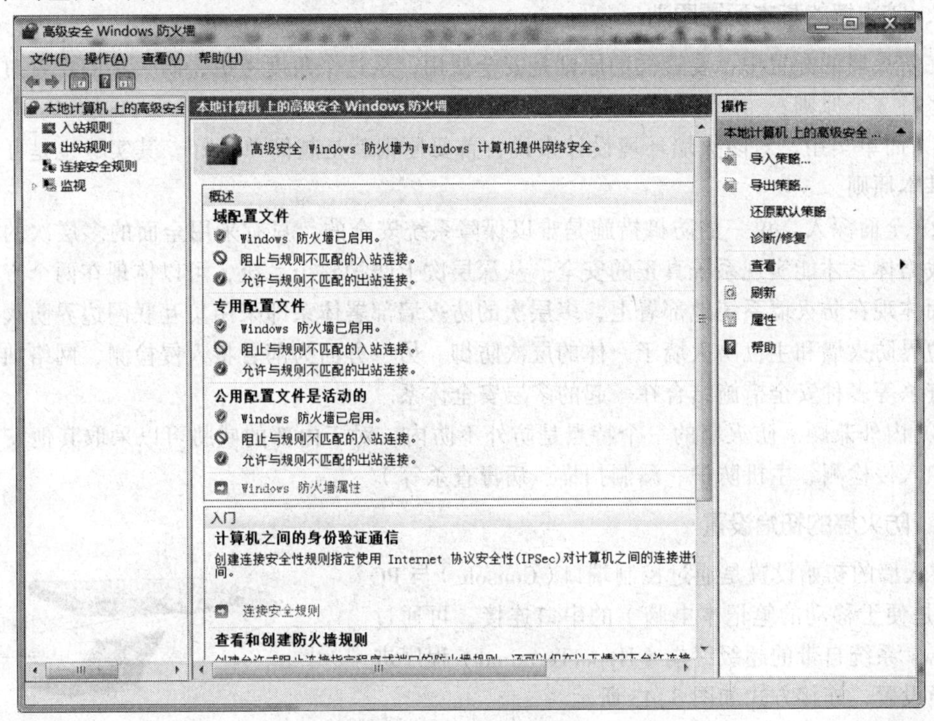

图 3-41 Windows 防火墙高级设置

2. 个人防火墙软件

个人防火墙软件产品特别多，比如瑞星个人防火墙（见图3-42）、AVG LinkScanner、Comodo Firewall 等。

图 3-42 瑞星个人防火墙界面

3.3.3 部署硬件防火墙

1. 防火墙的基本配置原则

在防火墙的配置中，要遵循的原则是安全使用，从这个角度考虑，防火墙的配置过程中需要坚持 3 个原则：

① 简单实用。对防火墙环境设计来说，首要原则就是越简单越好。其实这也是任何事物的基本原则。

② 全面深入。单一的防御措施是难以保障系统安全的，只有采用全面的多层次的深层防御战略体系才能实现系统真正的安全。从深层次上防护整个系统，可以体现在两个方面，一方面体现在防火墙系统地部署上，多层次的防火墙部署体系即采用集互联网边界防火墙、部门边界防火墙和主机防火墙于一体的层次防御。另一方面为部署将入侵检测、网络加密、病毒查杀等多种安全措施结合在一起的多层安全体系。

③ 内外兼顾。防火墙的一个特点是防外不防内，对于内部的威胁可以采取其他安全措施（如入侵检测、主机防护、漏洞扫描、病毒查杀等）。

2. 防火墙的初始设置

防火墙的初始设置是通过控制端口（Console）与 PC（通常是便于移动的笔记本电脑）的串口连接，再通过 Windows 系统自带的超级终端（HyperTerminal）程序进行选项设置，连接方式如图 3-43 所示。

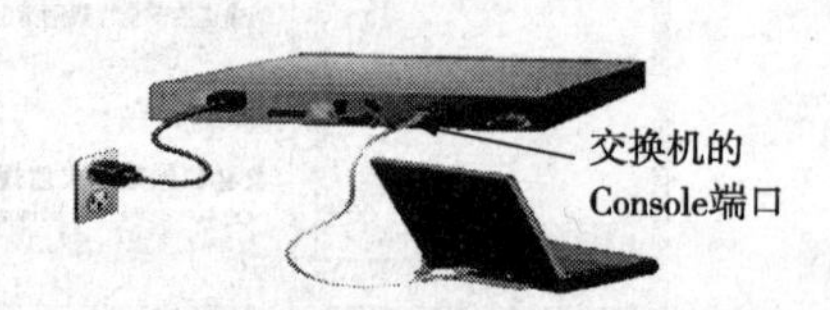

图 3-43 硬件防火墙连接方式

防火墙除了以上所说的通过控制端口（Console）进

行初始配置外，也可以通过 Telnet 和 Tffp 配置方式进行高级配置，但 Telnet 配置方式是在命令行方式中进行配置，难度较大，而 Tffp 方式需要专用的 Tffp 服务器软件，但配置界面比较友好。

3. **安全连接防火墙**（以华为防火墙为例）

实现 Web 方式远程安全管理，Web 登录认证使用 AAA 认证方式，组网设备：PC 终端 1 台、USG2000/5100 防火墙 1 台。拓扑图如图 3-44 所示。

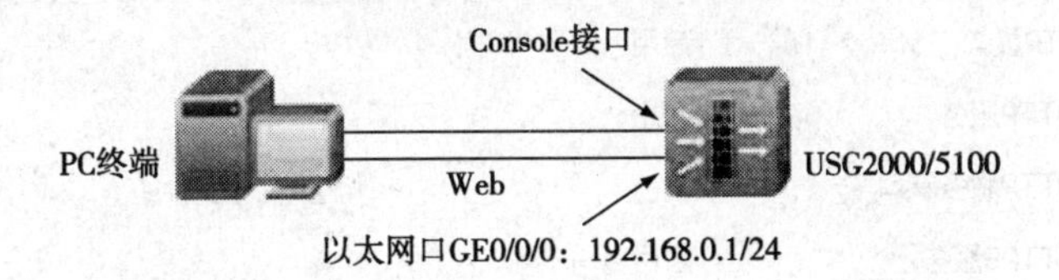

图 3-44　连接拓扑图

步骤一：PC 终端连接 USG 防火墙以太网口，进入 Web 配置界面。

① 在 PC 终端上选择“开始”→“所有程序”→“Internet Explorer”，或双击 IE 图标，启动网页浏览器；

② 在浏览器地址栏中输入“http://192.168.0.1”，显示 Web 登录框；

③ 在“语言”下拉列表框中选择“简体中文”，在“用户名”文本框中输入 Web 用户名“admin”，在“密码”文本框中输入密码“Admin@123”，如图 3-45 所示；

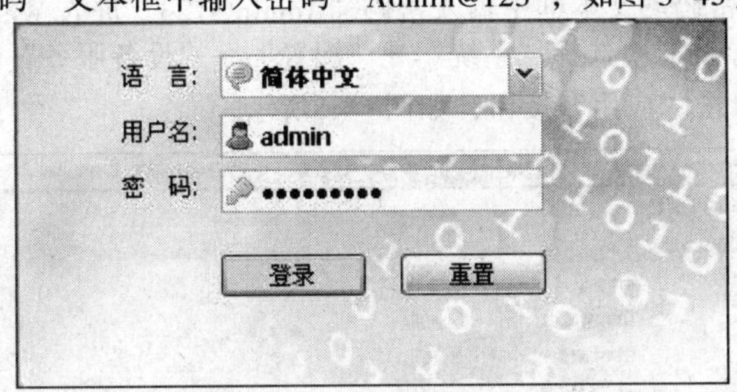

图 3-45　IE 浏览器登录框

④ 单击“登录”按钮，显示“修改初始密码”界面，如图 3-46 所示。

修改初始密码

为了安全性，请修改默认用户admin的初始密码。

新密码

确认密码

确定　取消

图 3-46　修改初始密码

取消密码修改或完成密码修改后，将进入 Web 配置界面（在实验环境，请单击“取消”，无须进行密码修改）。

步骤二：启用Web安全管理功能，禁用Web管理功能。

① 在“菜单”导航树中选择“系统”→“配置”→“设备服务”命令，在打开的网页中启用 HTTPS 服务，在“HTTPS 服务端口”文本框输入“8443”后单击“应用”按钮，如图 3-47 所示；

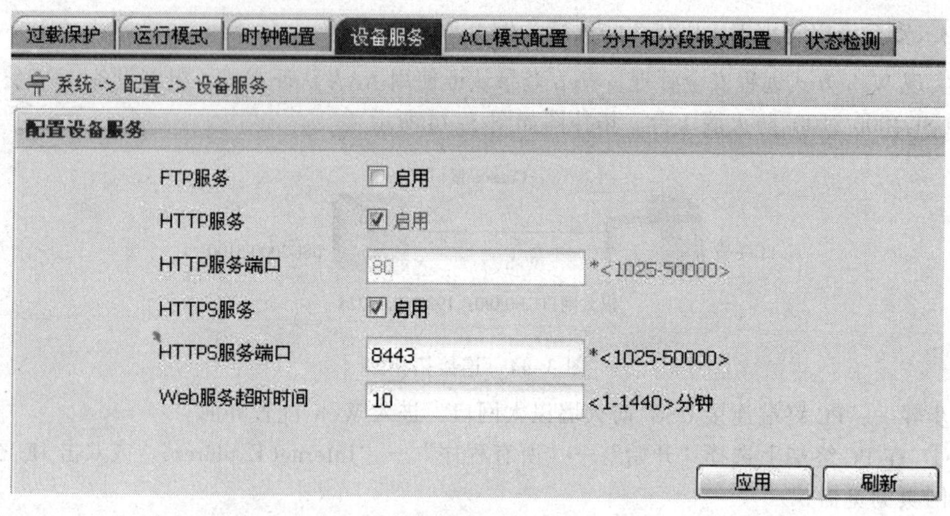

图 3-47　设备服务（启用 HTTPS 服务）

② 在浏览器地址栏输入“https://192.168.0.1:8443”，在“用户名”文本框中输入 Web 用户名“admin”，在“密码”文本框中输入密码“Admin@123”进入 Web 安全配置界面；

③ 在“菜单”导航树中选择“系统”→“配置”→“设备服务”命令，在打开的网页中禁用HTTP服务后单击“应用”按钮，如图3-48所示。

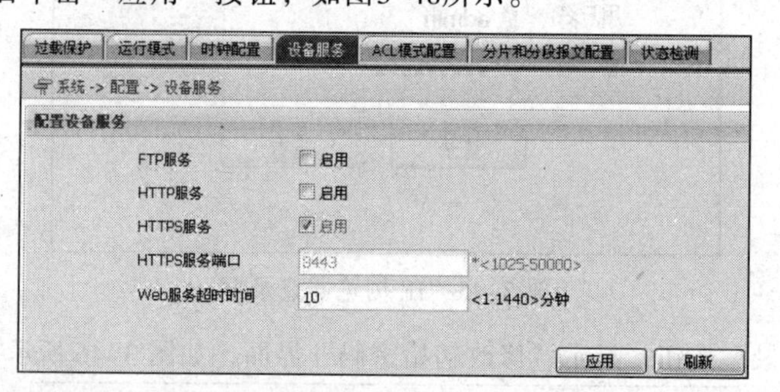

图 3-48　设备服务（禁用 HTTP 服务）

步骤三：新建 Web 安全管理功能用户账户。

① 在“菜单”导航树中选择“用户”→“本地”→“本地用户”命令，如图 3-49 所示；

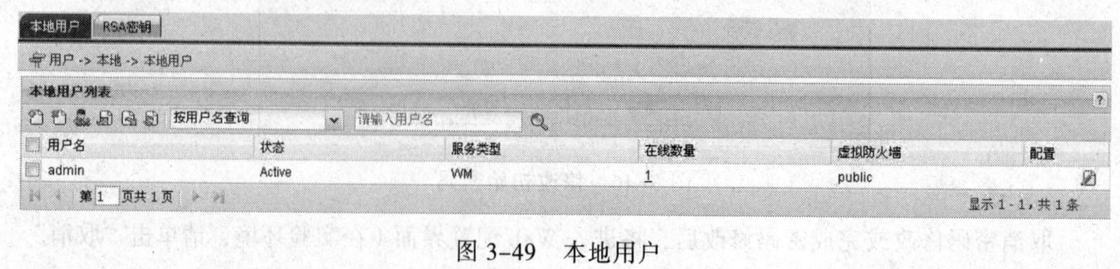

图 3-49　本地用户

② 单击“新建本地用户账户”图标，在“用户名”文本框中输入 Web 用户名“chenlg”，

选择密码方式“密文”后在“密码”和“确认密码”文本框中输入密码“Admin@123”，在“用户级别”文本框输入“3”，服务类型可只选择“Web”后单击“应用”按钮，如图 3-50 所示。

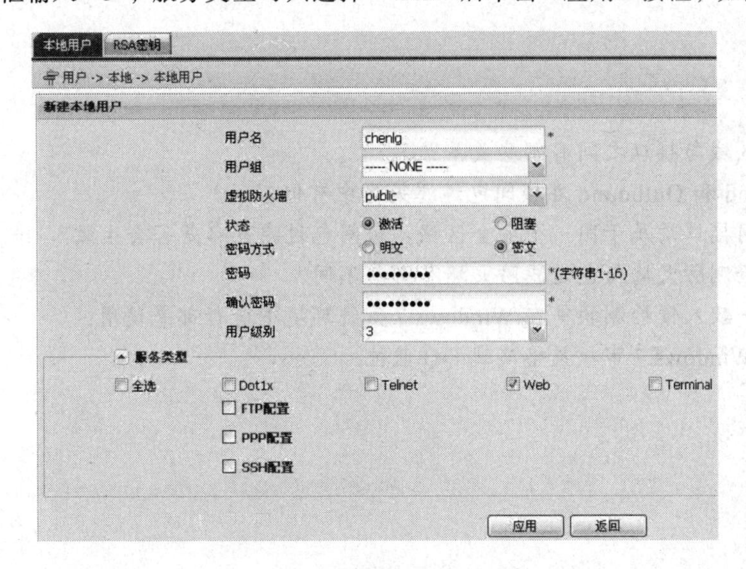

图 3-50　新建本地用户账户

提示：为了体现分级分权安全管理，建议根据企业 IT 业务管理需求设置不同权限管理员或操作员账户。

步骤四：验证结果。

① 在浏览器地址栏输入“https://192.168.0.1”显示安全 Web 登录框。

② 在“语言”下拉列表框中选择“简体中文”，在“用户名”文本框中输入 Web 用户名“chenlg”，在“密码”文本框中输入密码“Admin@123”，成功进入 Web 安全配置界面。

小知识

USG 防火墙默认配置如下：

① 设备已配置默认管理 IP 地址，IP 地址为 192.168.0.1/24。其中 USG2110-X/2100 和 USG2100BSR/HSR 设备配置在 Vlanif1 接口上，8 个 LAN 口默认加入到了 VLAN1，可以将 PC 连接到任意一个 LAN 口。USG2200/5100 、USG2200BSR/HSR 和 USG5100BSR/HSR 设备配置在 GE0/0/0 接口上。

② 在配置了默认管理 IP 的接口上已开启了 DHCP 服务，可以为下挂 PC 自动分配范围为 192.168.0.2/24 ~ 192.168.0.254/24 的 IP 地址。

③ 已开启 Web 管理功能（默认配置基于 http，建议修改为 https）。

④ 已创建一个超级管理员用户，用户名为 admin，密码为 Admin@123，管理员权限为 3 级。为保证系统安全，登录后请尽快修改密码。

3.3.4　入侵检测

Windows 7 自带的审核策略是一种入侵检测方式，开启 Windows 7 审核策略的方式是：打开“控制面板”，双击“管理工具”图标，在打开的窗口左侧依次单击“本地安全策略”→“本

地策略”→“审核策略”，在打开的“审核策略”窗口中进行相关的配置即可。

另外还可以通过安装入侵检测软件的方式实现入侵检测，比如 Snort，或者 Sygate Personal Firewall 等。

习题

1. 安全区域与接口之间有哪些关系？
2. Inbound 和 Outbound 在域间包过滤策略中有何不同？
3. 若不同接口均属于同一个安全区域，域间包过滤策略是否会生效？
4. 状态检测防火墙与包过滤防火墙有哪些不同？
5. 选择一款入侵检测软件在 Windows 7 系统环境下进行部署使用。
6. 使用 Windows 7 审核策略实现 QQ 监控。

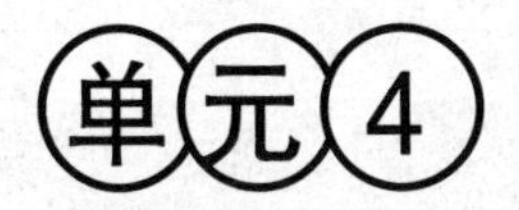

信息安全管理

公司大部分用户的信息安全意识较差，现要实现网络内部信息的保密，尤其是科研中心的新技术资料和财务部门的财务状况信息，要让外界无法知道内部的信息，即使万一获得了这些信息也无法知道信息的具体含义。同时，公司有时需要向员工宣传一些公司福利、政策，通过公司网站来发布这些信息，但是可能会有黑客把发布的信息改得面目全非，让公司上下人心惶惶。因此，公司需要向所有人表明，哪些信息是公司发的，且没有被更改过。

除了内部信息的保密，还要实现员工出差、在家办公、外地分支机构对总部网络的安全访问。

威胁的根源是数据在存储介质中以明文方式保存，而应对这种威胁的唯一方法就是使用数据加密技术。数据加密技术可用来阻止以任何非法方式获取、阅读、修改和操作文件的行为，主要用来确保文件的传输、存储安全。尽管非法用户可通过各种方法获取文件，但是如果对这些文件进行了加密，那么非法用户即使得到了这些文件，也因其无法正常打开、阅读而变得毫无用处。文件加密可广泛用于静态的文件保护和电子商务、文件传输以及电子邮件传递等动态安全保护中。

数字证书和数字签名也是保证网上各种信息安全的理想措施，可以有效防止信息被窃取、篡改和非法操作。若要向所有人表明，哪些信息是公司发的，且没有被更改过，就需要一个签名，只要这条信息改动了一个字，“签名”验证就会失败。

本公司在外地的分支机构和移动用户通过远程接入方式访问内部网络资源，可以借助VPN技术实现加密传输，充分确保信息安全。

本单元从信息加密、数字签名和远程接入等方面描述了保证信息安全的方法、技术。

学习目标

- 了解加密技术的发展情况。
- 理解加密技术的要素。
- 掌握加密算法及其加密解密过程。
- 理解数字证书、数字签名的概念及作用。
- 掌握VPN的相关概念。
- 理解常用VPN技术的工作过程。
- 能应用加密软件加密解密文件。
- 能进行数字证书的安装与使用。

• 能进行 VPN 的配置。

4.1 信息加密

有多种方式可以实现信息加密，比如：用 Windows 7 系统自带的加密功能、使用加密软件隐身侠、PGP 等。

4.1.1 密码学

1. 密码学概述

密码学是研究如何隐秘地传递信息的学科。在现代特别指对信息以及其传输的数学性研究，常被认为是数学和计算机科学的分支，和信息论也密切相关。随着计算机网络和计算机通信技术的发展，计算机密码学得到了前所未有的重视并迅速普及和发展起来。在国外，它已成为计算机安全主要的研究方向，也是计算机安全课程教学中的主要内容。

密码是实现秘密通信的主要手段，是隐藏语言、文字、图像的特种符号。密码通信是指用特种符号按照通信双方约定的方法把信息的原形隐藏起来，不为第三者所识别的一种通信方式。在网络通信中，通常采用密码技术将需要传输的信息隐藏起来，再将隐藏后的信息传输出去，使信息在传输过程中即使被窃取或截获，窃取者也不能正常读取信息的内容，从而保证信息传输的安全。

加密就是利用密码学的方法（即加密算法），使用密钥将明文信息转换成密文，使得无密钥者不能识别信息的真实含义，同时也不能对信息进行篡改、伪造或破坏。在开放的网络环境中，加密对于通信安全是非常重要的，信息加密技术为实现信息的保密性、完整性、可用性以及抗抵赖性提供了丰富的技术手段，对计算机网络的安全具有重要意义。

在信息密码学中，加密技术有 4 个要素：明文（Plaintext）、密钥（Key）、加密算法（Encrypt）、密文（Ciphertext），如图 4-1 所示。

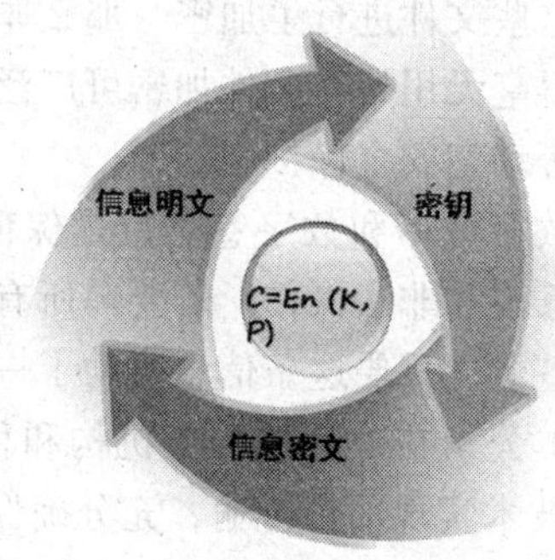

图 4-1 加密技术 4 要素

2. 密码学的发展

加密作为保障信息安全的一种方式，它不是现代才有的，它产生的历史相当久远，可以追溯到人类刚刚出现，并且尝试去学习如何通信的时候，他们不得不去寻找方法确保他们通信的机密。但是最先有意识地使用一些技术方法来加密信息的可能是公元前 6 世纪的古希腊人，他们使用的是一根叫 scytale 的棍子，送信人先绕棍子卷一张纸条，然后把要加密的信息写在上面，接着打开纸送给收信人。如果不知道棍子的宽度（这里作为密钥）是不可能解密信里面内容的。

大约在公元前 50 年，古罗马的统治者凯撒发明了一种战争时用于传递加密信息的方法，后来称之为“凯撒密码”。它的原理就是：将 26 个字母按自然顺序排列，并且首尾相连，明文中的每个字母都用其后的第 3 个字母代替，例如 HuaweiSymantec 通过加密之后就变成了

KxdzhlvBPdqwhf。

近代加密技术主要应用于军事领域，如美国独立战争、美国内战和两次世界大战。在美国独立战争时期，曾经使用过一种“双轨”密码，就是先将明文写成双轨的形式，然后按行顺序书写。在第一次世界大战中，德国人曾依靠字典编写密码，比如：10-4-2，就是某字典第10页，第4段的第2个单词。在第二次世界大战中，最广为人知的编码机器是德国人的 Enigma 三转轮密码机，在第二次世界大战中德国人利用它加密信息。此后，由于AlanTuring 和 Ultra 计划以及其他人的努力，终于破解了德国人的密码，从而扭转了第二次世界大战的格局（见图 4-2）。

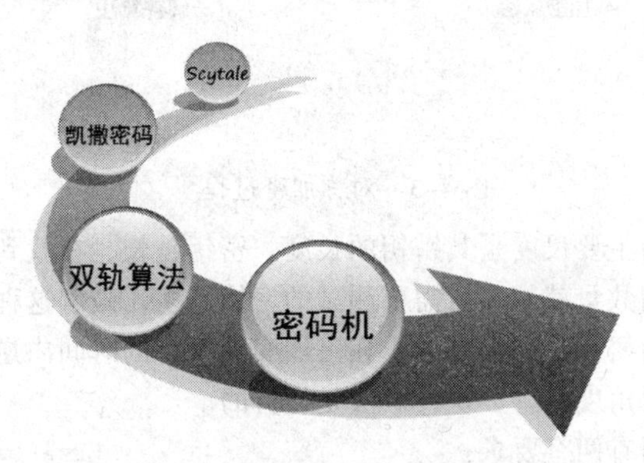

图 4-2　加密技术发展史

20世纪，美国人对计算机的研究就是为了破解德国人的密码，当时的人们并没有想到计算机给今天带来的信息革命。随着计算机的发展，运算能力的增强，传统密码的破解变得十分简单，同时随着计算机在商业、个人等领域应用的不断扩展，使得商业或个人对数据保护、数据传输的安全性、防止信息数据泄露越来越重视，正是因为这些原因大大促进了加密技术的发展，美国人提出了公钥加密体系，从而使加密技术进入一个全新的发展阶段。

3. **加密算法**

密钥分为私钥和公钥，顾名思义，私钥是私人保存的，需要保密；公钥是公开的，无需保密。根据密钥可以将加密分为对称加密与非对称加密，对称加密的加密、解密用同一个密钥，非对称加密在加密和解密中使用两个不同的密钥，私钥用来保护数据，公钥则由同一系统的人公用，用来检验信息及其发送者的真实性和身份。

（1）对称加密算法

也叫传统密码算法（秘密密钥算法、单钥算法），就是加密密钥能从解密密钥中推算出来。发件人和收件人共同拥有同一个密钥（都是私钥），这种密钥既用于加密，也用于解密，叫做机密密钥（也称为对称密钥或会话密钥）。对称密钥加密是加密大量数据的一种行之有效的方法。对称密钥加密有许多种算法，但所有这些算法都有一个共同的目的：以可以还原的方式将明文（未加密的数据）转换为暗文。暗文使用加密密钥编码，对于没有解密密钥的任何人来说它都是没有意义的。由于对称密钥加密在加密和解密时使用相同的密钥，所以这种加密过程的安全性取决于是否有未经授权的人获得了对称密钥。特别要注意的是，使用对称密钥加密通信的双方，在交换加密数据之前必须先安全地交换密钥（见图 4-3）。

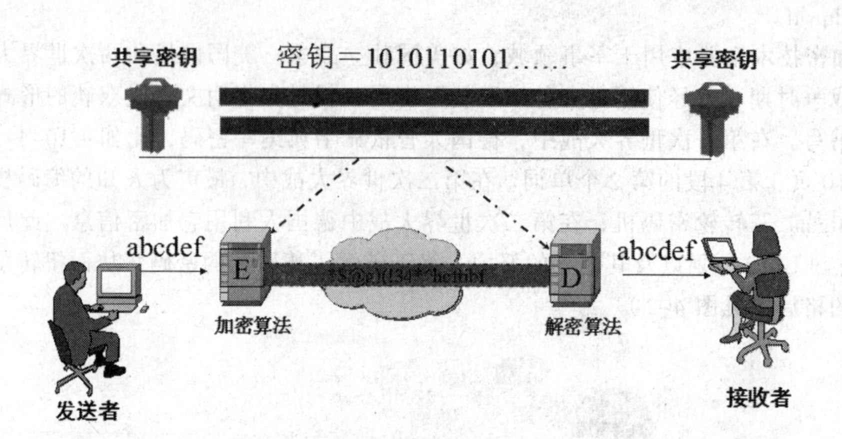

图 4-3　对称加密过程

衡量对称算法优劣的主要尺度是其密钥的长度。密钥越长，在找到解密数据所需的正确密钥之前必须测试的密钥数量就越多。需要测试的密钥越多，破解这种算法就越困难。有了好的加密算法和足够长的密钥，如果有人想在一段实际可行的时间内逆转转换过程，从暗文中推导出明文，从应用的角度来讲，这种做法是徒劳的。

对称加密的安全使用有两个要求：

① 需要一个强（strong）加密算法。这个要求简单地说就是：密钥要足够强壮，使得攻击者不能通过已有的明文和密文对应来破解。

② 密钥的传递需要一个安全的方式。也就是要求发送者把密钥通过安全的方式告诉接收者，不能让第三方知道。

常见的对称加密算法有 DES、3DES、AES 等。

（2）非对称加密算法

非对称加密算法也叫公钥加密，使用两个密钥：一个公钥和一个私钥，这两个密钥在数学上是相关的。在公钥加密中，公钥可在通信双方之间公开传递，或在公用储备库中发布，但相关的私钥是保密的。只有使用私钥才能解密用公钥加密的数据，使用私钥加密的数据只能用公钥解密。与对称密钥加密相似，公钥加密也有许多种算法，不同公钥算法的工作方式完全不同，因此它们不可互换（见图 4-4）。

常见的非对称加密算法有 RSA、背包密码、Diffie-Hellman 算法等，最有影响力的公钥密码算法是 RSA。

（3）哈希（Hash）算法

哈希(Hash)算法，即散列函数。它是一种单向密码体制，即它是一个从明文到密文的不可逆的映射，只有加密过程，没有解密过程。同时，哈希函数可以将任意长度的输入经过变化以后得到固定长度的输出，即将任意长度的二进制值映射为固定长度的较小二进制值，这个小的二进制值称为哈希值。哈希值是一段数据唯一且极其紧凑的数值表示形式。如果散列一段明文而且哪怕只更改该段落的一个字母，随后的哈希都将产生不同的值。要找到散列为同一个值的两个不同的输入，在计算上是不可能的，所以数据的哈希值可以检验数据的完整性。

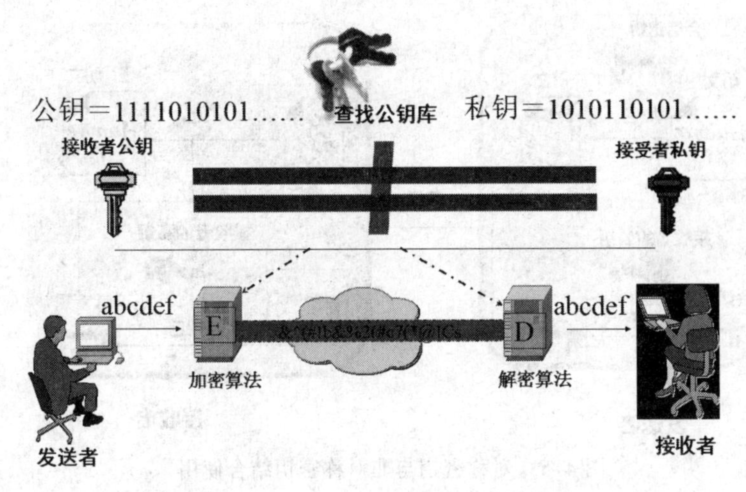

图 4-4　非对称加密过程

典型的哈希算法包括 MD2、MD4、MD5 和 SHA1，其中 MD5 和 SHA1 可以说是目前应用最广泛的 Hash 算法。

（4）算法对比

对称密钥算法主要优点在于速度快，通常比非对称密钥快 100 倍以上，而且可以方便地通过硬件实现。主要问题在于密钥的管理复杂，由于每对通信者间都需要一个不同的密钥，N 个人通信需要 $n(n-1)/2$ 个密钥，发件人和收件人必须在交换数据之前先交换机密密钥，如何安全地共享秘密密钥给需要解密的接受者成为最大的问题，并且由于没有签名机制因此也不能实现抗可抵赖问题，即通信双方都可以否认发送或接收过的信息。

非对称密钥算法主要优势在于密钥能够公开，由于用作加密的密钥（也称公开密钥）不同于用作解密的密钥（也称私人密钥），因而解密密钥不能根据加密密钥推算出来，所以可以公开加密密钥。私钥加密而用公钥解密，主要用于数字签名。其主要局限就是速度，实际上，通常仅在关键时刻才使用公钥算法，如在实体之间交换对称密钥时，或者在签署一封邮件的散列时（散列是通过应用一种单向数学函数获得的一个定长结果，对于数据而言，叫做散列算法）。

因此，对称和非对称密钥算法通常结合使用，公钥加密提供了一种有效的方法，可用来把为大量数据执行对称加密时使用的机密密钥发送给某人。

基于公钥的密钥交换步骤如下（见图 4-5）：

① 发件人获得收件人的公钥；

② 发件人创建一个随机机密密钥（在对称密钥加密中使用的单个密钥）；

③ 发件人使用机密密钥和对称密钥算法将明文数据转换为暗文数据；

④ 发件人使用收件人的公钥将机密密钥转换为暗文机密密钥；

⑤ 发件人将暗文数据和暗文机密密钥一起发给收件人；

⑥ 收件人使用其私钥将暗文机密密钥转换为明文；

⑦ 收件人使用明文机密密钥将暗文数据转换为明文数据。

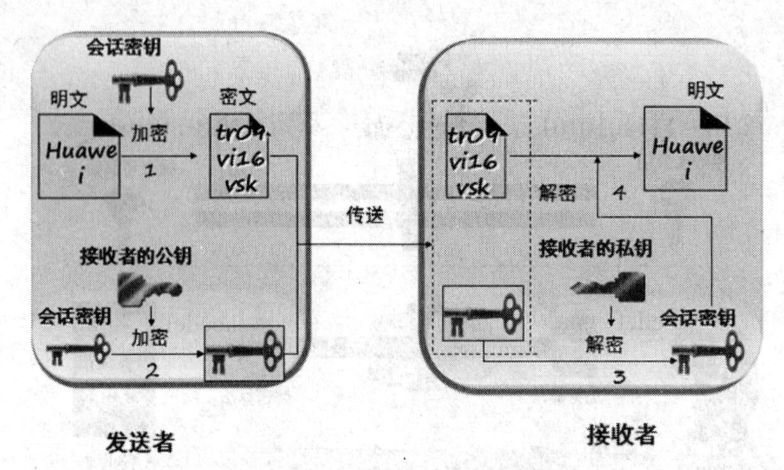

图 4-5　对称密钥与非对称密钥结合使用

4.1.2　Windows 7 系统自带的加密功能

BitLocker 是从 Vista 开始增加的数据加密功能，在 Windows 7 中，人们能方便地使用这个功能进行磁盘加密。

首先打开“计算机”，选中要加密的分区如“本地磁盘（D:）”，右击，在弹出的快捷菜单中选择“启用 BitLocker（B）”，如图 4-6 所示。

图 4-6　启用 BitLocker

等待“BitLocker”初始化，如图 4-7 所示。

接着勾选“使用密码解锁驱动器（P）”复选框，输入 8～10 位数的密码（可用大小写字母、数字、空格以及符号），完成后，单击“下一步”按钮，如图 4-8 所示。

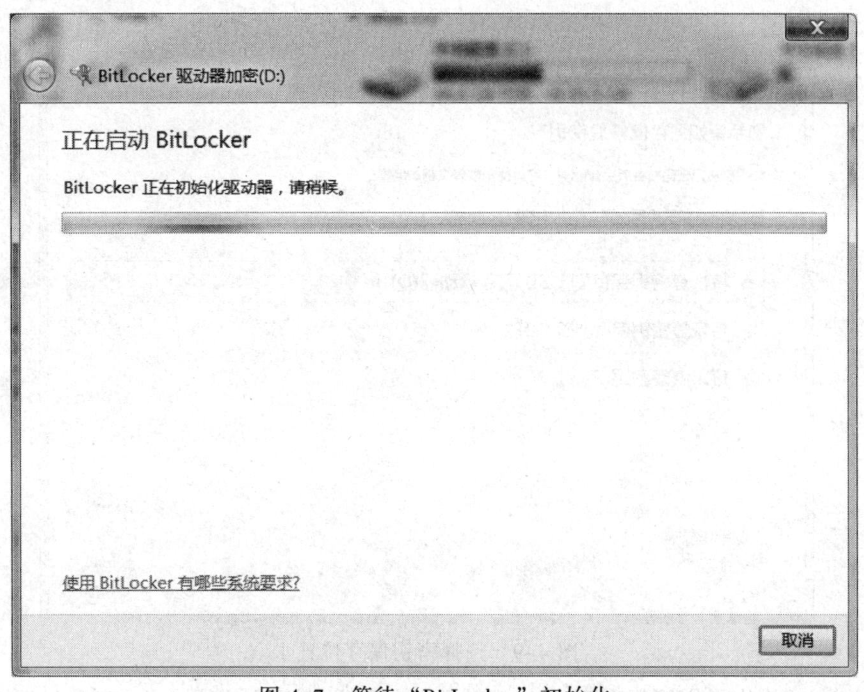

图 4-7　等待“BitLocker”初始化

BitLocker 驱动器加密(D:)

选择希望解锁此驱动器的方式

使用密码解锁驱动器(P)

密码应该包含大小写字母、数字、空格以及符号。

键入密码: ●●●●●●●●●

再次键入密码: ●●●●●●●●●

使用智能卡解锁驱动器(S)

需要插入智能卡。解锁驱动器时，将需要智能卡 PIN。

在此计算机上自动解锁此驱动器(A)

如何使用这些选项?

下一步(N)　取消

图 4-8　设置加密密码

接下来用户准备一个 U 盘插到计算机上，再单击“将恢复密钥保存到 USB 闪存驱动器(D)”选项，如图 4-9 所示。

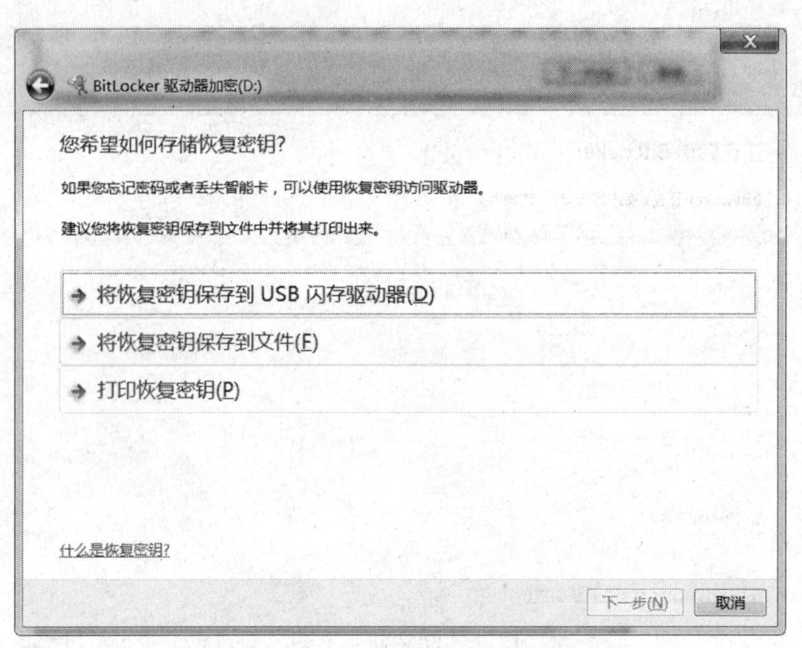

图 4-9　选择密钥保存位置 1

此时弹出“将恢复密钥保存到 USB 驱动器”对话框，选择刚才插入的 U 盘(如“KINGSTON(I:)”)，单击“保存”按钮，如图 4-10 所示。

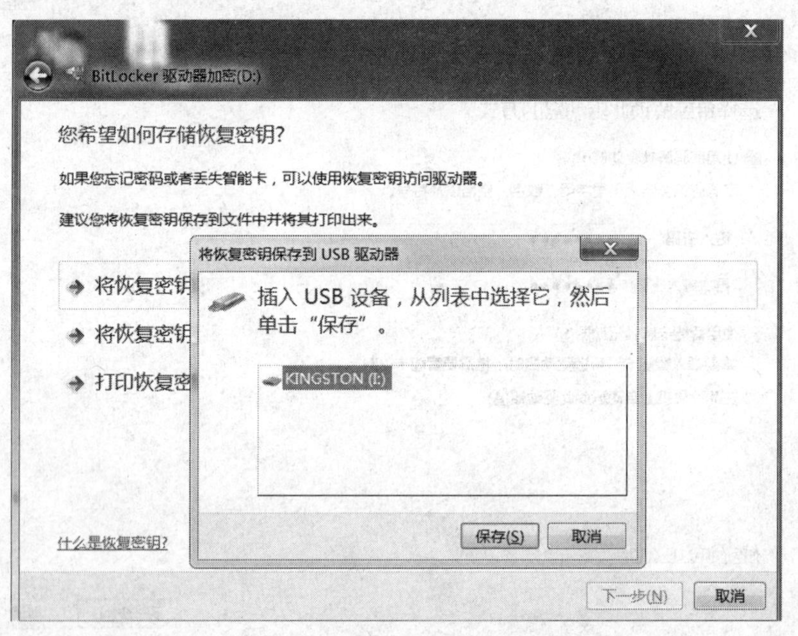

图 4-10　选择密钥保存位置 2

此时在“BitLocker 驱动器加密(D:)”界面中显示“已保存恢复密钥”，如图 4-11 所示，单击“下一步”按钮。

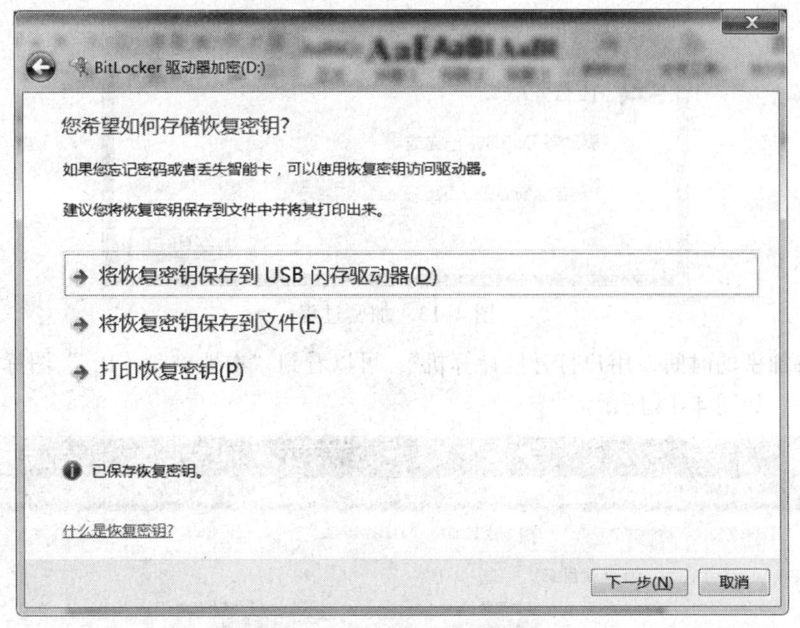

图 4-11　选择密钥保存位置 3

最终提示用户“是否准备加密该驱动器？”，单击“启动加密”按钮，如图 4-12 所示。

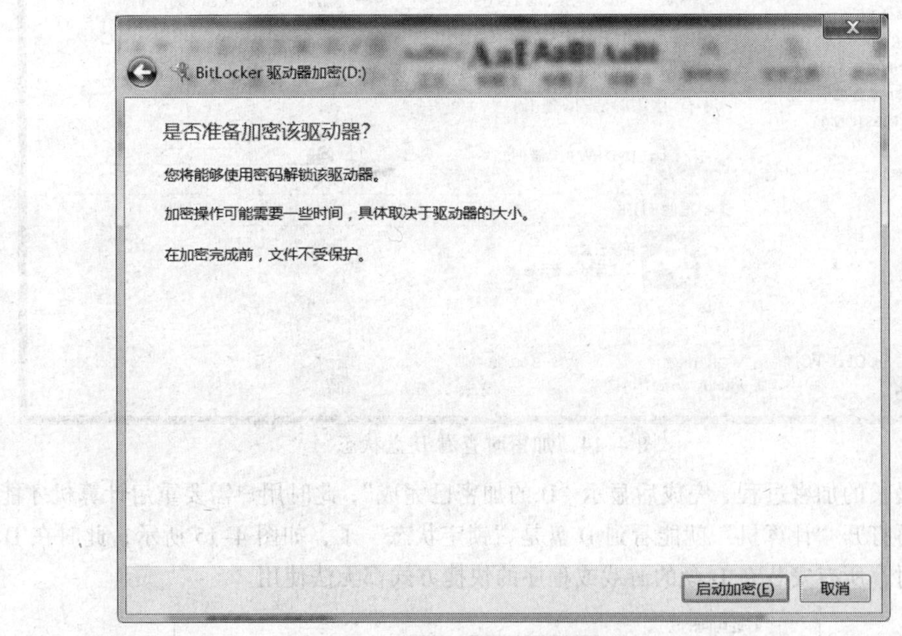

图 4-12　启动加密

此时只需等待“BitLocker 驱动器加密”完成，如图 4-13 所示。

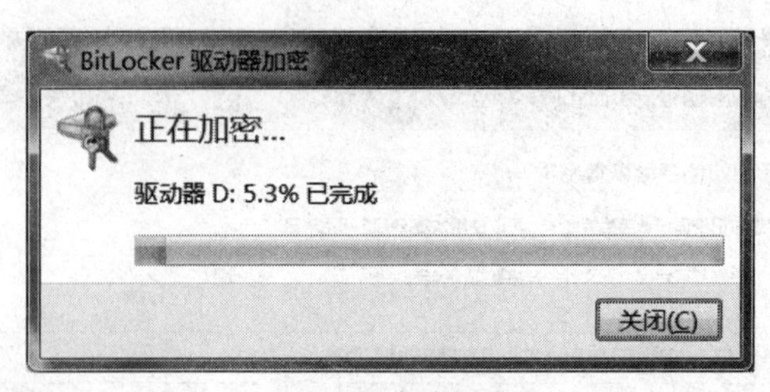

图 4-13　加密过程

在等待加密的时间，用户打开“计算机”，可以看到“本地磁盘（D:）”图标有把锁，表示正在加密，如图 4-14 所示。

图 4-14　加密时查看 D 盘状态

经过漫长的加密过程，完成后显示“D:的加密已完成”，此时用户需要重启计算机才能生效。用户再打开“计算机”就能看到 D 盘是“锁定状态”了，如图 4-15 所示，此时在 D 盘锁定状态时，所有安装在 D 盘的游戏或程序的快捷方式都无法使用。

图 4-15　加密完成后 D 盘状态

双击该盘，弹出“BitLocker 驱动器加密（D:）”对话框，在“键入密码以解锁此驱动器”文本框中键入之前设置的密码，单击“解锁”按钮即可，如图 4-16 所示。

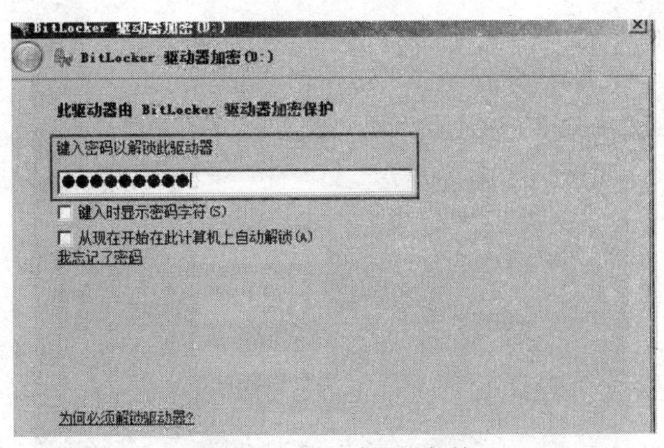

图 4-16　键入密码以解锁

4.1.3　加密软件隐身侠的使用

隐身侠是用于保护计算机及移动存储设备中的重要文件、私密信息以及多种程序的一种信息安全产品，能轻松保护和备份计算机、移动硬盘、U 盘中的重要资料和个人秘密。其系统级加密非一般文件夹加密软件、文件加密软件、隐私加密软件可比，已获得公安部、解放军、国家保密局、国家版权局等多所权威机构资质认证。

使用隐身侠有以下好处：

- 防泄密：通过隐身侠程序创建保险箱，将重要的数据放到里面，在关闭状态下，任何人都无法查看到这些数据，不用担心文件被别人读取、窃取。
- 防丢失：通过隐身侠程序，可将保险箱内的重要数据备份到移动磁盘上，同样采用加密处理；防止笔记本电脑丢失而导致的数据损失。同时，隐身侠备份功能采用增量备份机制，更能加快每次数据备份的速度，提高了效率。

隐身侠的使用过程如下。

① 安装。按照安装提示操作即可。

② 双击桌面上的“隐身侠”图标，选择右侧的“注册新账户”按钮（见图 4-17）完成新账户注册激活。

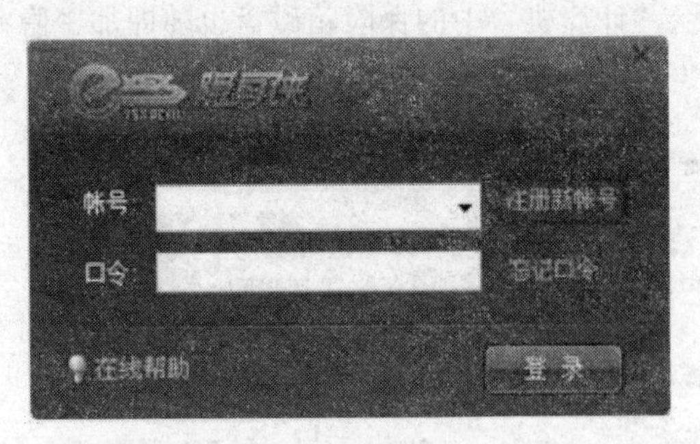

图 4-17　注册账户

③ 根据保险箱设置向导的提示，单击创建按钮，即可在本地磁盘上创建一个保险箱（见图 4-18）。双击保险箱后，即可进行文件复制、粘贴、剪切等各种操作，与普通文件、文件夹操作完全相同。

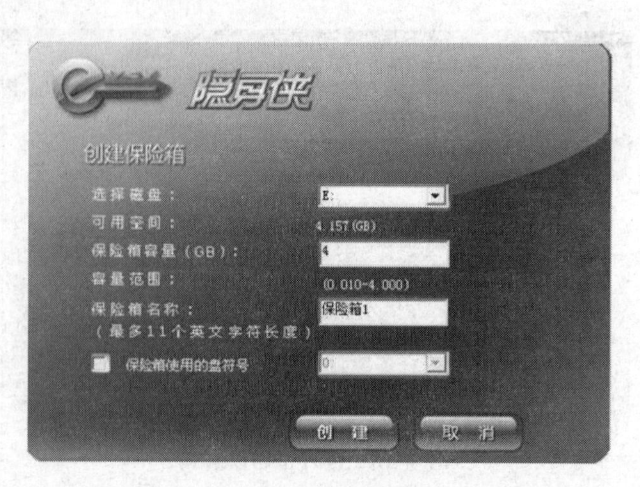

图 4-18　创建保险箱

④ 单击右上角的关闭按钮后，保险箱将加密隐藏，这时任何人都无法查看到保险箱里的重要数据了（见图 4-19）。

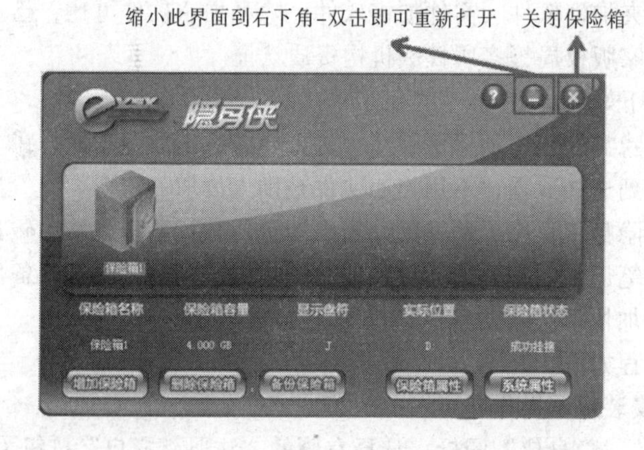

图 4-19　缩小与关闭

⑤ 关闭隐身侠之后，“计算机”中的保险箱磁盘也随即加密隐藏了。任何人都无法查看到放在保险箱里的数据（见图 4-20）。

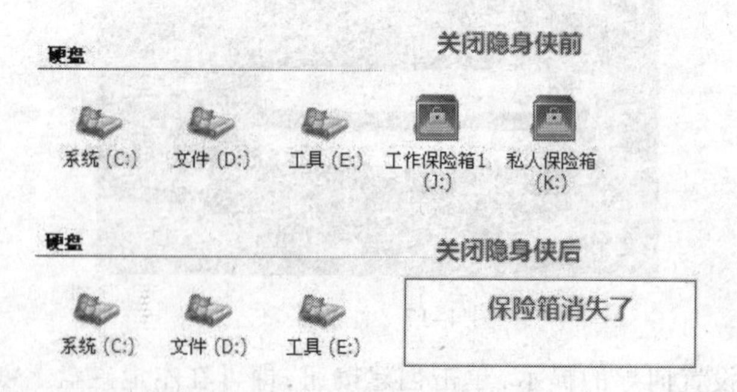

图 4-20　关闭后保险箱隐藏

4.1.4 加密软件 PGP 的使用

PGP 是目前最优秀、最安全的加密方式，这方面的代表软件是美国的 PGP 加密软件。这种软件的核心思想是利用逻辑分区保护文件，比如，逻辑分区 E:是受 PGP 保护的硬盘分区，那么每次打开这个分区的时候，需要输入密码才能打开这个分区，在这个分区内的文件是绝对安全的。不再需要这个分区时，可以把这个分区关闭并使其从桌面上消失，当再次打开时，需要输入密码。没有密码，软件开发者本人也无法解密。PGP 作为全世界最流行的文件夹加密软件，它的源代码是公开的，经受住了成千上万顶尖黑客的破解挑战，事实证明 PGP 是目前世界上最安全的加密软件。

图 4-21　PGP 安装界面

PGP 的安装非常简单，这里选用的软件版本是 PGP Desktop 10.0.2 中文纪念版（见图 4-21），安装时只需按提示依次单击“下一步”按钮即可，然后重启计算机即可完成安装。重启后出现 PGP 设置助手，可按照提示进行设置。

1. 新建秘钥

使用 PGP 之前，首先需要生成一对密钥，这一对密钥其实是同时生成的，其中的一个称为公钥，意思是公共的密钥，可以把它分发给朋友，让他们用这个密钥来加密文件；另一个称为私钥，这个密钥由用户保存，用这个密钥来解开加密文件。

① 打开 PGP Desktop 主窗口，依次选择“文件”→“新建 PGP 密钥”命令，如图 4-22 所示，进入图 4-23 所示的“PGP 密钥生成助手”对话框。

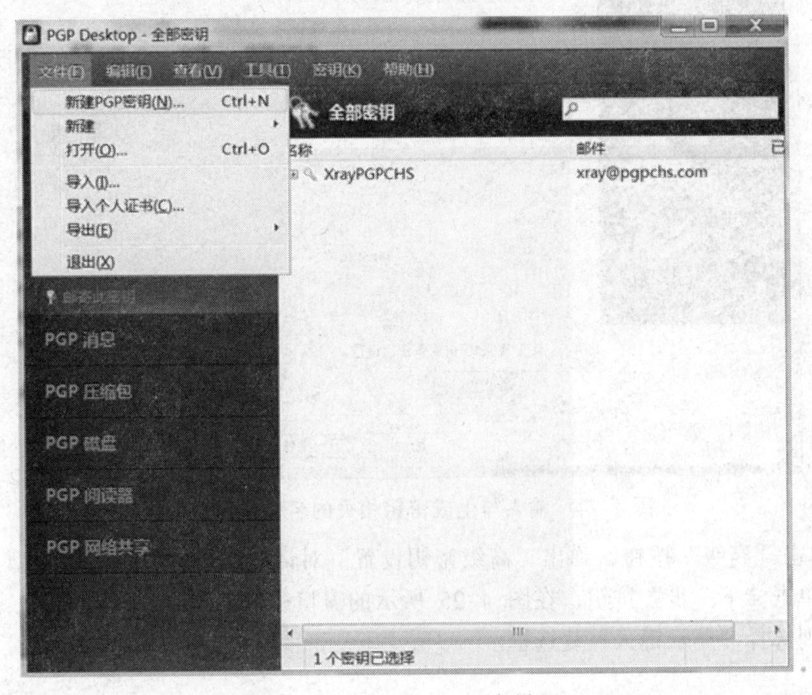

图 4-22　PGP Desktop 主界面

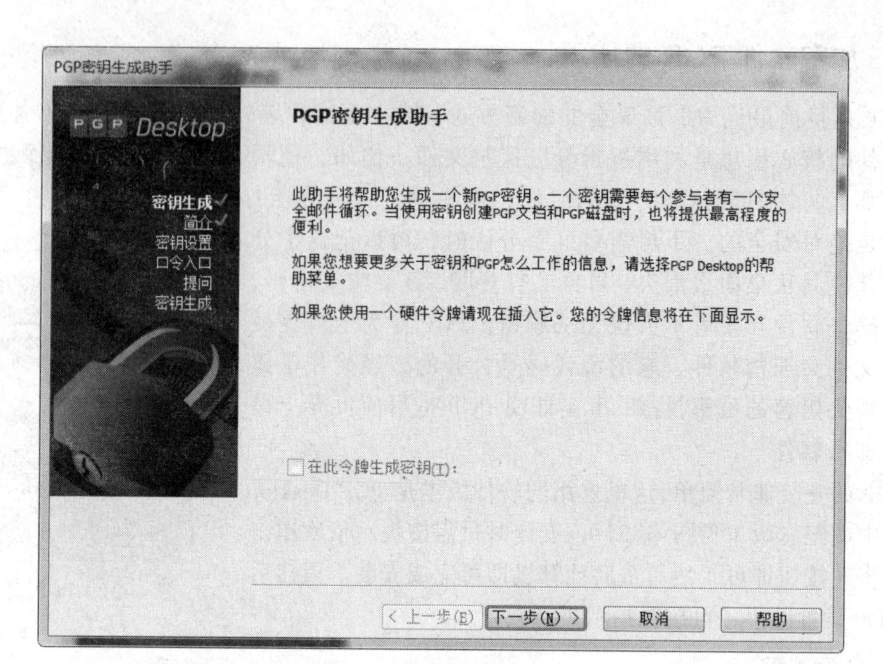

图 4-23　密钥生成向导

② 单击“下一步”按钮，在图 4-24 中输入与要生成的密钥相关的名称和邮件地址。

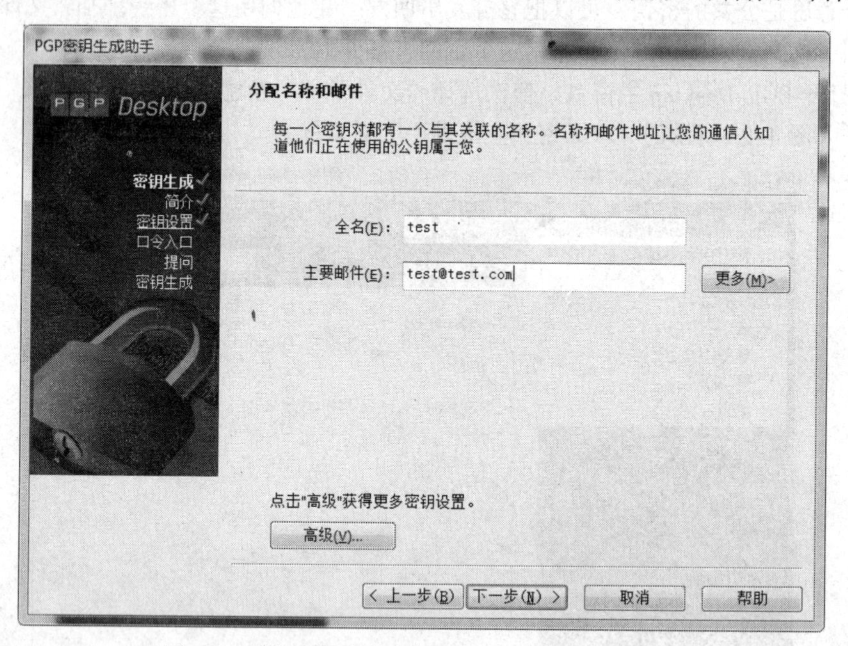

图 4-24　输入与生成密钥相关的名称和邮件地址

③ 单击“高级”按钮，弹出“高级密钥设置”对话框，可以设置密钥类型、密钥大小等选项。单击“下一步”按钮，在图 4-25 所示的窗口中输入密码及确认密码。如果想让密码显示，则选择“显示键入”复选框。

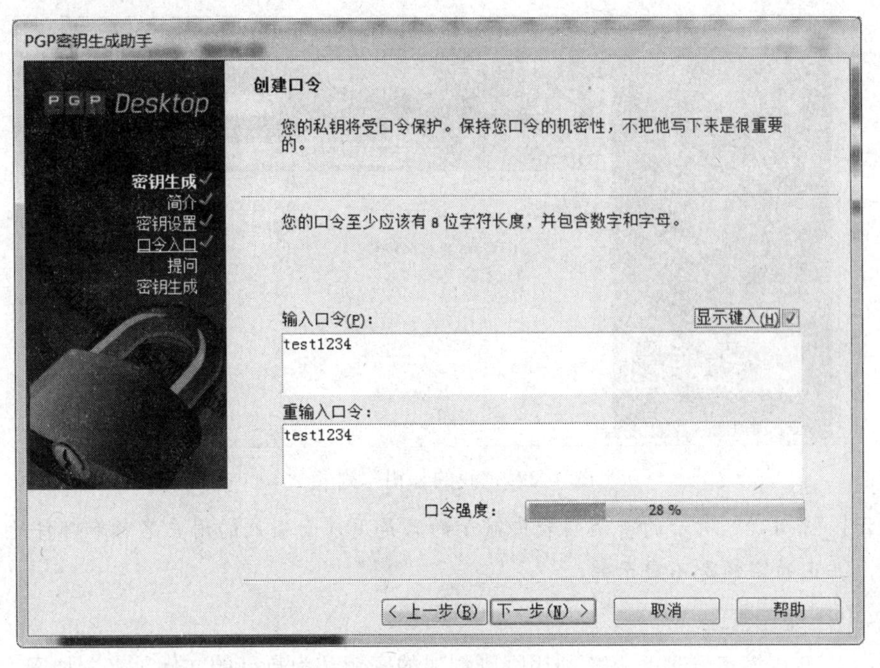

图 4-25　创建密码

④ 依次单击“下一步”按钮，完成 PGP 密钥生成，如图 4-26 所示。

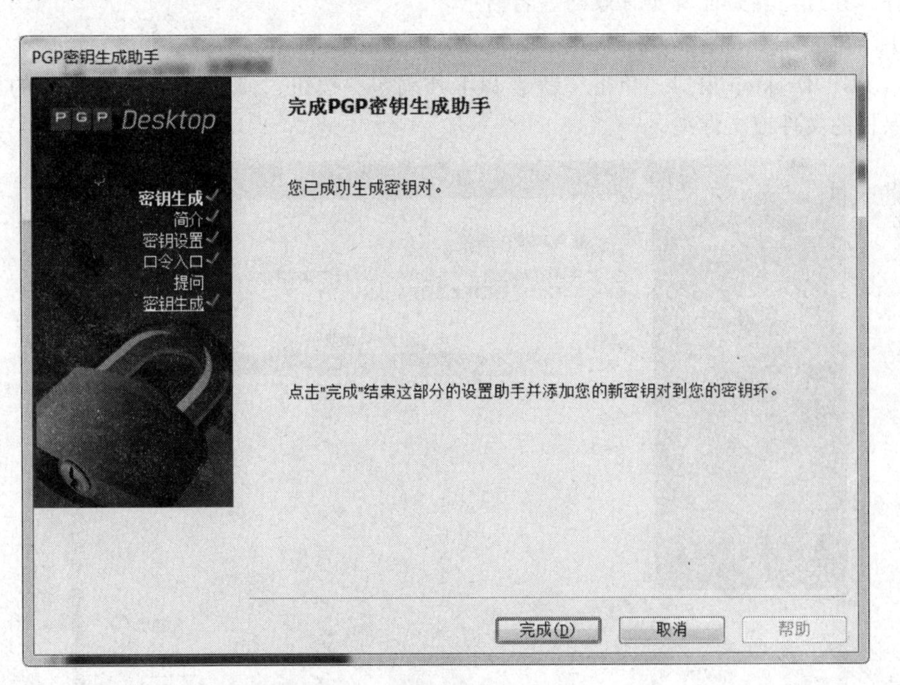

图 4-26　完成 PGP 密钥生成

⑤ 单击主窗口左侧的 PGP 密钥列表框中的“我的私钥”选项，可以看到已生成的密钥列表，如图 4-27 所示。

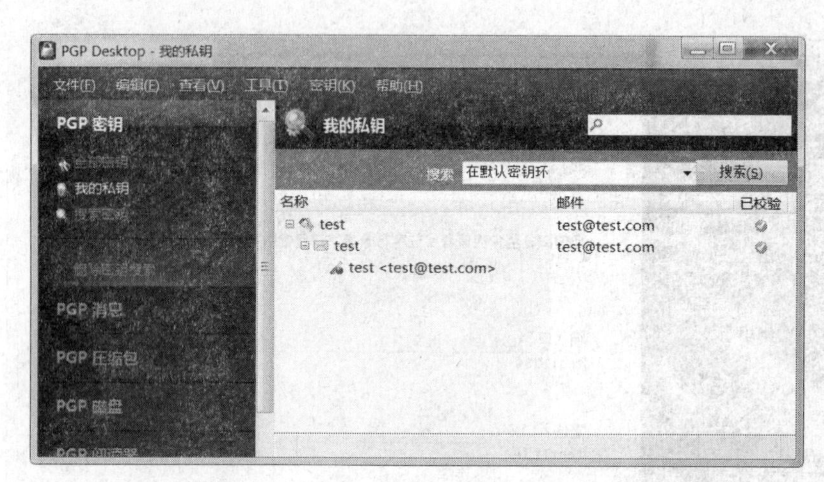

图 4-27 “我的私钥”列表

小提示：图 4-27 所示的密钥列表中显示的只是用前面输入的用户名称和邮件地址来代表的密钥，真正的密钥是不显示的。

2. PGP 压缩包管理

所谓的 PGP 压缩包管理，就是利用刚刚创建的密钥，为自己的文件（夹）加密、签名，还可以把生成的公钥以邮件的形式发送给对方，让对方以发送给他的公钥来加密他要发给用户的邮件，并且还能验证真实有效的签名信息。

（1）新建 PGP 压缩包

进入 PGP Desktop 窗口，单击“新建 PGP 压缩包”按钮，弹出如图 4-28 所示的界面，添加要保护的文件或文件夹。

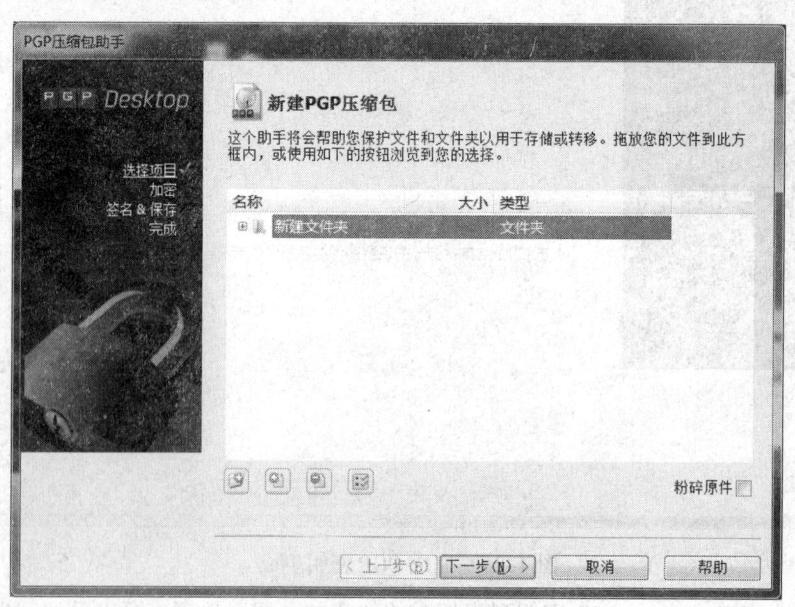

图 4-28 新建 PGP 压缩包

单击“下一步”按钮，选择想要加密的方式（见图 4-29）。

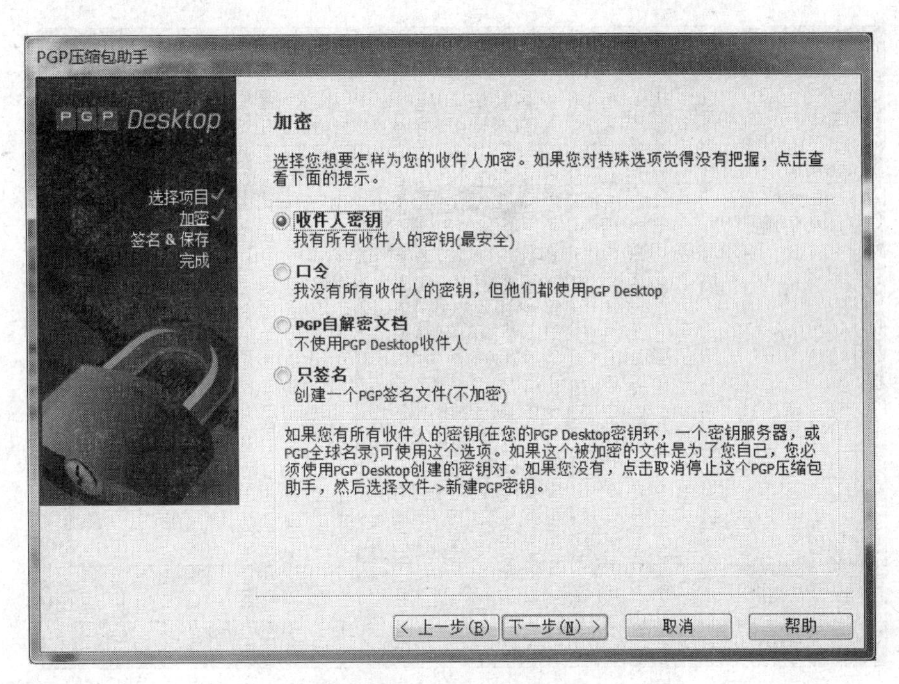

图 4-29　选择加密的方式

可以按照说明作出选择，比如选择“接收人密钥”单选按钮，将进入到图 4-30 所示的添加用户密钥界面。

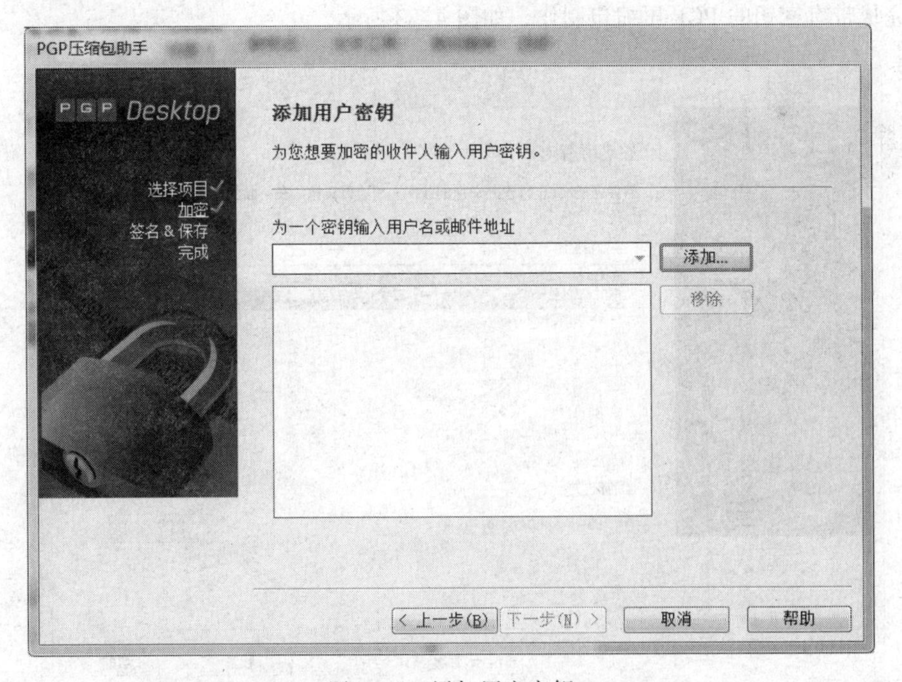

图 4-30　添加用户密钥

单击“添加”按钮选择要添加的用户密钥，如图 4-31 所示。

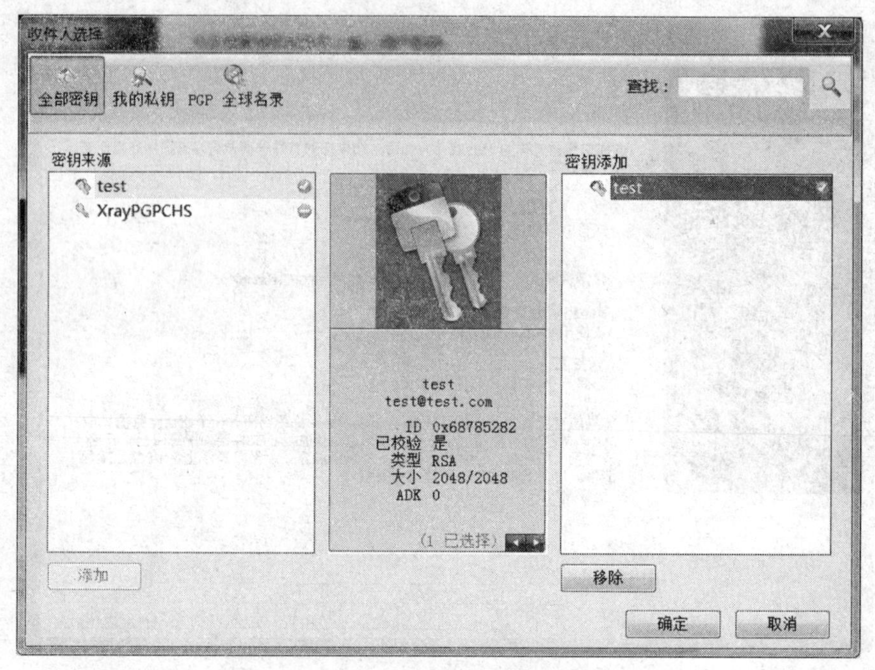

图 4-31　选择要添加的私钥

单击“确定”按钮返回到“添加用户密钥”界面，可以看到密钥已添加到了列表中。

单击“下一步”按钮，在图 4-32 中选择“签名密钥”及“保存位置”，再单击“下一步”按钮，完成带有密钥的 PGP 压缩包制作，如图 4-33 所示。

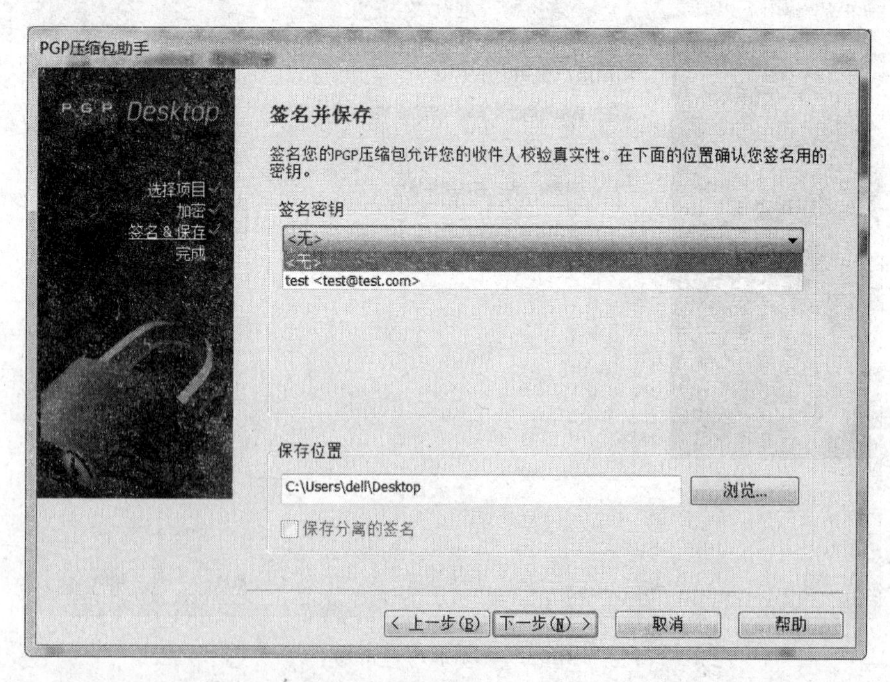

图 4-32　为 PGP 压缩包选择签名密钥及保存位置

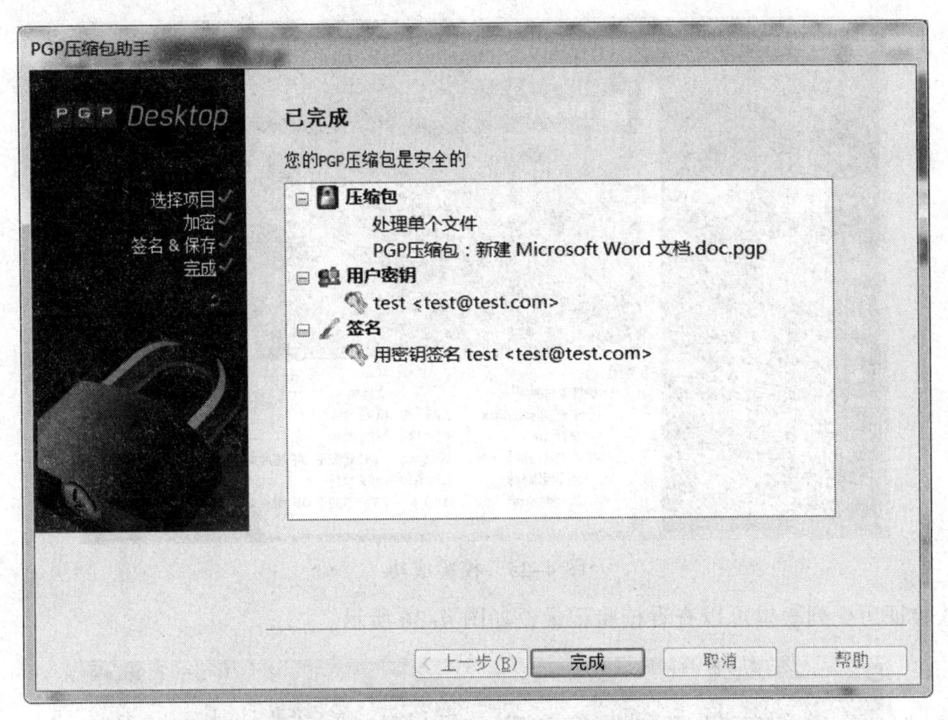

图 4-33　完成 PGP 压缩包的制作

（2）打开 PGP 压缩包

打开 PGP 压缩包需要先输入口令，如图 4-34 所示。

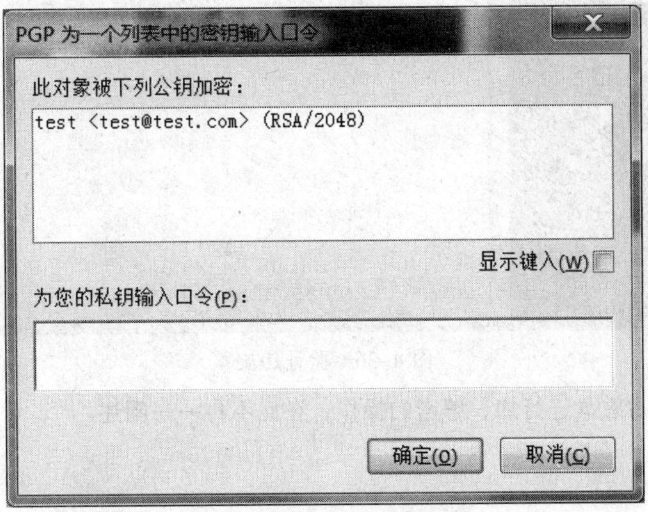

PGP 为一个列表中的密钥输入口令
此对象被下列公钥加密：
test <test@test.com> (RSA/2048)
显示键入(W)
为您的私钥输入口令(P)：
确定(O)　取消(C)

图 4-34　输入口令

然后 PGP 会对所选择的 PGP 压缩包进行校验，校验成功可以看到解密后的文件夹中的所有文件，如图 4-35 所示。

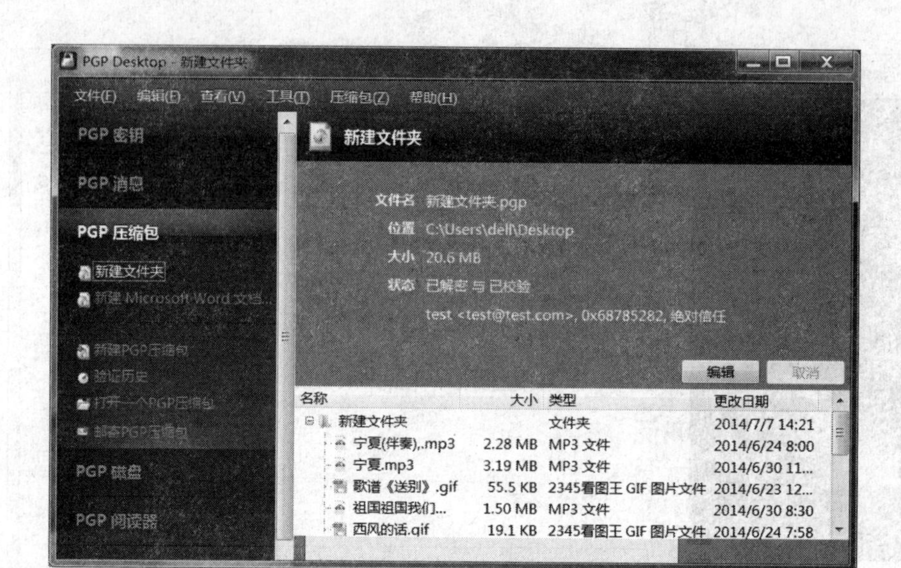

图 4-35　校验成功

从验证历史列表里可以查看校验记录，如图 4-36 所示。

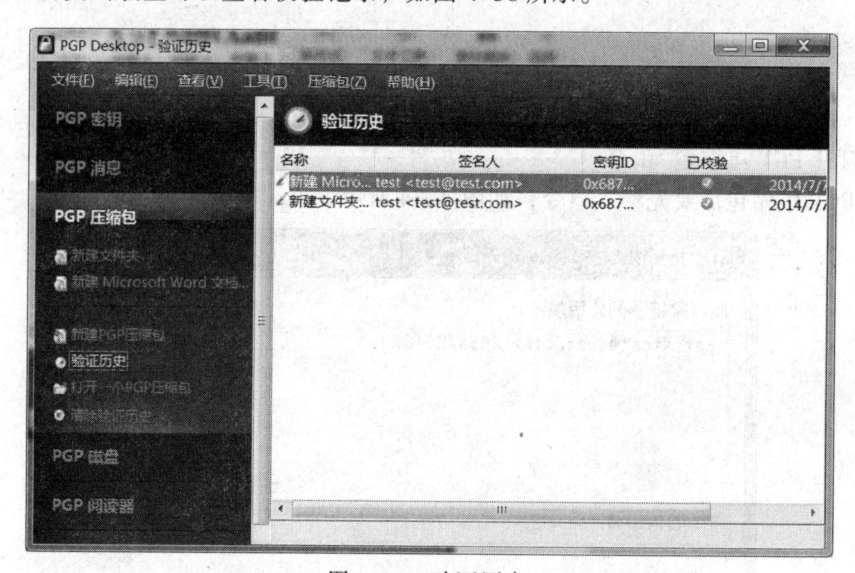

图 4-36　验证历史

此外，还可以为磁盘进行加、解密的操作，在此不再一一阐述。

小知识

PGP 软件的 32 位和 64 位安装程序是分开的，应根据系统类型进行选择。

习题

1. 可以认为数据的加密和解密是对数据进行的某种变换，加密和解密的过程都是在(　　)的控制下进行的。

   A. 明文　　　B. 密文　　　C. 信息　　　D. 密钥

2. 在对称加密体制中，加密密钥即（　　）。

A. 解密密钥　　B. 私密密钥　　C. 公开密钥　　D. 私有密钥

3. 利用 VHD 功能在系统中创建一个虚拟的硬盘，然后用 BitLocker 加密，将隐私文件保存在这个“加密磁盘”中。

4. 选择一款加密软件，熟练使用。

5. 使用 PGP 进行邮件加密。

4.2　数字签名与数字证书

4.2.1　数字签名与数字证书

1. 数字签名

在传统商务活动中，为了保证交易的安全与真实，一份书面合同或公文要由当事人或其负责人签字、盖章，以便让交易双方识别是谁签的合同，以保证签字或盖章的人认可合同的内容，从而在法律上才能承认这份合同是有效的。而在电子商务的虚拟世界中，合同或文件是以电子文件的形式表现和传递的。在电子文件上，传统的手写签名和盖章是无法实现的，这就必须依靠技术手段来替代。能够在电子文件中识别双方交易人的真实身份，保证交易的安全性、真实性及不可抵赖性，起到与手写签名或者盖章同等作用的签名的电子技术手段，称为电子签名。

实现电子签名的技术手段有很多种，但目前比较成熟的、世界先进国家普遍使用的电子签名技术还是“数字签名”技术。所谓“数字签名”就是通过某种密码运算生成一系列符号及代码组成电子密码进行签名，来代替书写签名或印章。对于这种电子式的签名还可进行技术验证，其验证的准确度是一般手写签名和图章验证无法比拟的。

将报文按双方约定的 Hash 算法计算得到一个固定位数的报文摘要，在数学上保证只要改动报文中任何一位，重新计算出的报文摘要值就会与原先的值不相符。这样就保证了报文的不可更改性。将该报文摘要值用发送者的私人密钥加密，然后连同原报文一起发送给接收者而产生的报文即称数字签名。接收方收到数字签名后，用同样的 Hash 算法对原报文计算出报文摘要值，然后与用发送者的公开密钥对数字签名进行解密解开的报文摘要值相比较，如相等则说明报文确实来自所称的发送者（见图 4-37）。

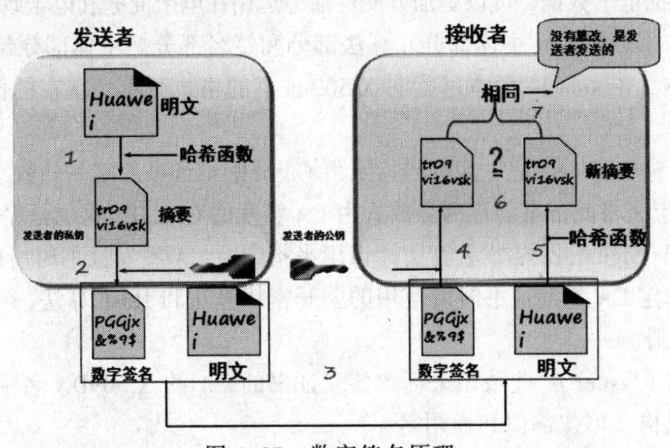

图 4-37　数字签名原理

数字签名主要的功能是保证信息传输的完整性、发送者的身份认证、防止交易中的抵赖发生。基于公钥密码体制和私钥密码体制都可以获得数字签名，目前主要是基于公钥密码体制的数字签名。数字签名的应用过程是，数据源发送方使用自己的私钥对数据校验和或其他与数据内容有关的变量进行加密处理，完成对数据的合法“签名”，数据接收方则利用对方的公钥来解读收到的“数字签名”，并将解读结果用于对数据完整性的检验，以确认签名的合法性。数字签名技术是在网络系统虚拟环境中确认身份的重要技术，完全可以代替现实过程中的“亲笔签字”，在技术和法律上有保证。在数字签名应用中，发送者的公钥可以很方便地得到，但他的私钥则需要严格保密。

数字签名可用作数据完整性检查并提供拥有私钥的凭据，签署和验证数据的步骤如下：

① 发送者将一种散列算法应用于数据，并生成一个散列值；

② 发送者使用私钥将散列值转换为数字签名；

③ 发送者将数据、签名发给接收者（使用接收者公钥加密）；

④ 接收者使用发送者的公钥对数字签名进行解密；

⑤ 接收者将该散列算法应用于接收到的数据，并生成一个散列值；

⑥ 比较发送者发送的散列值与新生成的散列值是否相同；

⑦ 散列值相同则表示该消息来自于发送者，并且消息未被篡改。

2. 数字证书

为了保证互联网上电子交易及支付的安全性、保密性等，防范交易及支付过程中的欺诈行为，必须在网上建立一种信任机制。这就要求参加电子商务的买方和卖方都必须拥有合法的身份，并且在网上能够被有效无误地进行验证。

数字证书是互联网通信中标志通信各方身份信息的一系列数据，提供了一种在 Internet 上验证身份的方式，它是由一个权威机构——CA 机构，又称证书授权（Certificate Authority）中心发行的，人们可以在网上用它来识别对方的身份。

数字证书是一个经证书授权中心数字签名的包含公开密钥拥有者信息以及公开密钥的文件。数字证书里存有很多数字和英文，当使用数字证书进行身份认证时，它将随机生成 128 位的身份码，每份数字证书都能生成相应但每次都不可能相同的数码，从而保证数据传输的保密性，即相当于生成一个复杂的密码。数字证书绑定了公钥及其持有者的真实身份，它类似于现实生活中的居民身份证，所不同的是数字证书不再是纸质的证照，而是一段含有证书持有者身份信息并经过认证中心审核签发的电子数据，可以更加方便灵活地运用在电子商务和电子政务中。

数字证书由 3 部分组成：主体部分、算法部分和签名部分。主体部分包括：

证书格式版本（version）：版本号指明 X.509 证书的格式版本，现在的值可以为 v1（0），v2（1），v3（2）。

证书序列号（Serial Number）：序列号指定由 CA 分配给证书的唯一的数字型标识符。当证书被取消时，实际上是将此证书的序列号放入由 CA 签发的 CRL 中，这也是序列号唯一的原因。

签名算法标识（Signature）：签名算法标识用来指定由 CA 签发证书时所使用的签名算法。算法标识符用来指定 CA 签发证书时所使用的公开密钥算法和 Hash 算法，须向国际知名标准组织（如 ISO）注册。

签发 CA 名称（Issuer）：此域用来标识签发证书的 CA 的 X.509DN 名字。包括国家、省市、地区、组织机构、单位部门和通用名。

证书有效期（Validity）：指定证书的有效期，包括证书开始生效的日期和时间以及失效的日期和时间。每次使用证书时，需要检查证书是否在有效期内。

证书持有者名称（Subject）：指定证书持有者的 X.509 唯一名字。包括国家、省市、地区、组织机构、单位部门和通用名，还可包含 Email 地址等个人信息。

证书公钥（Subject Public Key Info）：证书持有者公开密钥信息域包含两个重要信息，证书持有者的公开密钥的值及公开密钥使用的算法标识符。

证书废除列表（Certificate Revocation Lists，CRL）：又称证书黑名单，它为应用程序和其他系统提供了一种检验证书有效性的方式。任何一个证书废除以后，证书机构 CA 会通过发布 CRL 的方式来通知各个相关方。

用户在进行需要使用证书的网上操作时，必须准备好装有证书的存储介质。如果用户是在自己的计算机上进行操作，操作前必须先安装 CA 根证书。一般所访问的系统如果需要使用数字证书会自动弹出提示框要求安装根证书，用户直接选择确认即可，当然也可以直接登录 CA 中心的网站，下载安装根证书。操作时，一般系统会自动提示用户出示数字证书或者插入证书介质（IC 卡或 Key），用户插入证书介质后系统将要求用户输入密码口令，此时用户需要输入申请证书时获得的密码信封中的密码，密码验证正确后系统将自动调用数字证书进行相关操作。使用后，用户应记住取出证书介质并妥善保管。当然，根据不同系统数字证书会有不同的使用方式，但系统一般会有明确提示，用户使用起来都较为方便。

4.2.2　数字证书的安装与使用

1. 数字证书的安装

中国数字认证网能提供数字认证服务，这些服务可用于安全电子邮件、服务器身份认证、客户身份认证、代码签名等方面。在申请前要首先安装根证书，具体步骤如下：

① 中国数字认证网的主页是 www.ca365.com，其界面如图 4-38 所示。

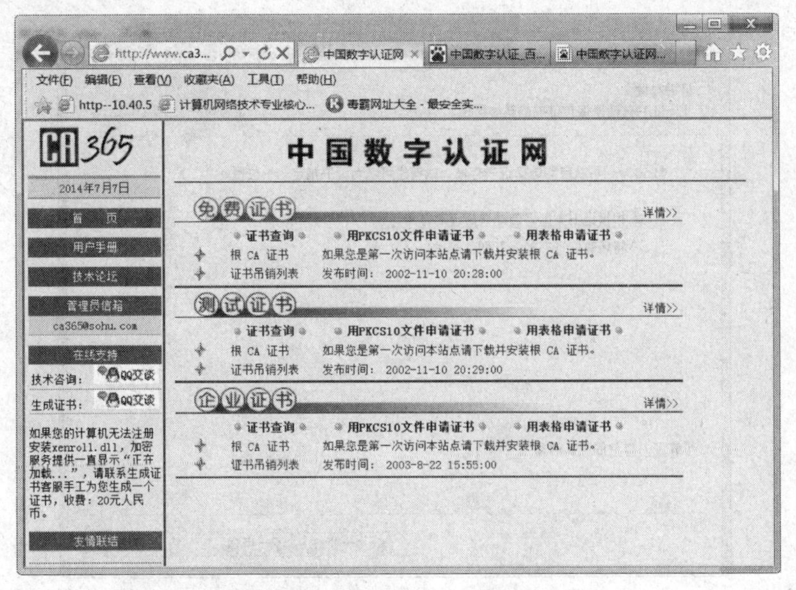

图 4-38　中国数字认证网界面

② 在网页上单击“如果您是第一次访问本站点请下载并安装根 CA 证书”链接，或者直接单击主页窗体右侧“免费证书”下的“根 CA 证书”链接，下载 rootEnterprise.cer 根证书。单击“打开”按钮，弹出如图 4-39 所示的根证书信息。

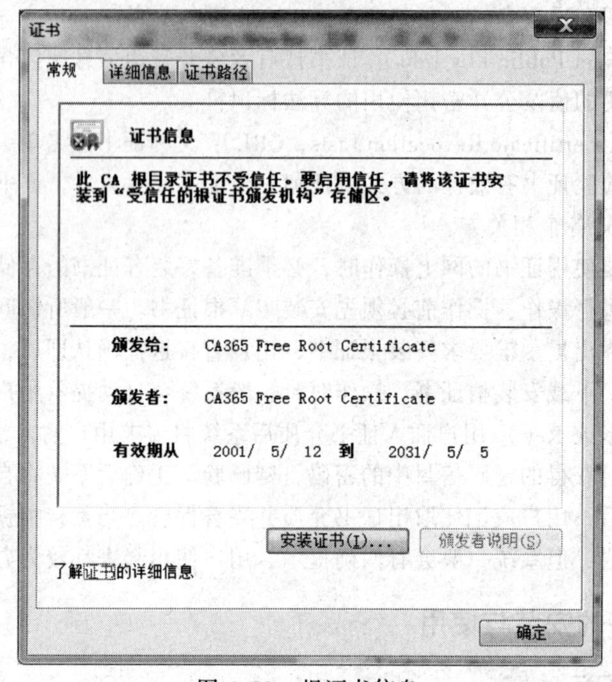

图 4-39 根证书信息

单击“安装证书”按钮，根据证书导入向导提示单击下一步即可完成导入。其中在图 4-40 的“证书导入向导”中如果按照默认的选择，直接就完成了证书导入，如果选择“将所有的证书放入下列存储”单选按钮，会弹出图 4-41 所示的对话框，提示选择要使用的证书存储。

图 4-40 “证书导入向导”

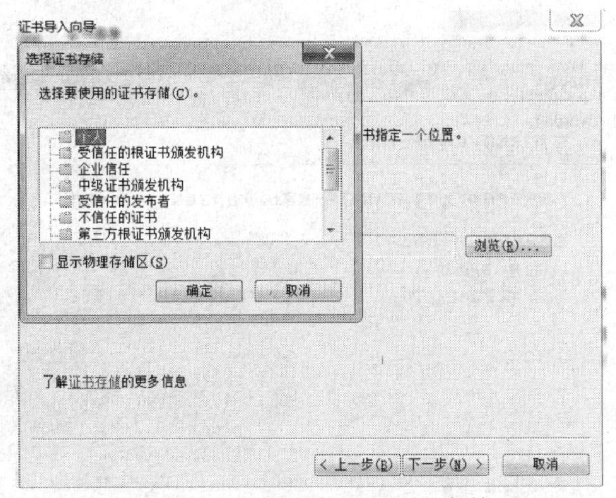

图 4-41　选择要使用的证书存储

③ 完成证书导入后，打开浏览器窗口，选择“工具”→“Internet 选项”命令，在弹出的对话框中选择“内容”选项卡，单击“证书”按钮，弹出“证书”对话框，列表中会有相应的根证书。

2. **免费证书的申请**

在中国数字认证网主界面中单击“免费证书”下的“用表格申请证书”链接，进入图 4-42所示的注册证书信息页面，填写相关识别信息。

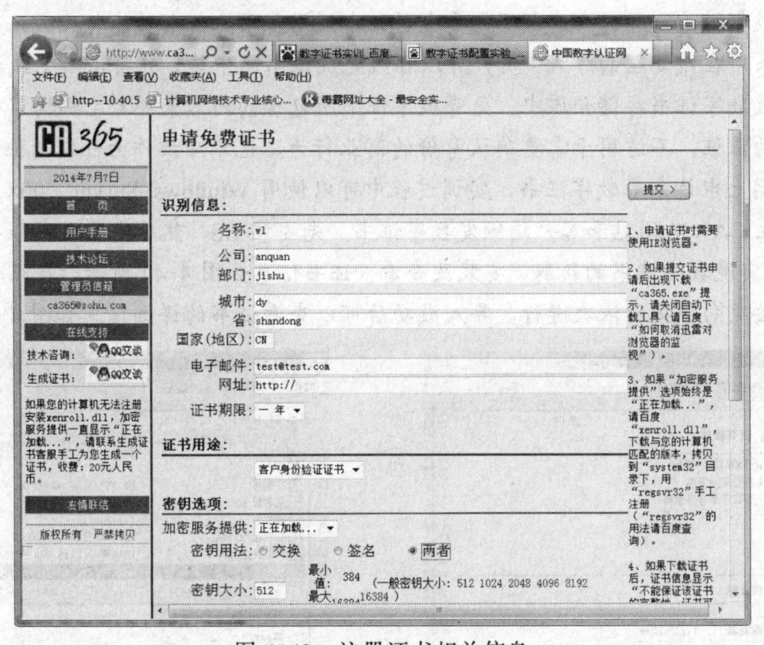

图 4-42　注册证书相关信息

单击“提交”按钮，成功生成个人证书序列号，证书下载并安装成功后可选择“工具”→“Internet 选项”命令，在弹出的对话框中选择“内容”选项卡，单击“证书”按钮进行查看。

3. **个人数字证书的使用**

在个人“证书”列表中选择所需证书，单击“导出”按钮，弹出“证书导出向导”对话框，如图 4-43 所示。

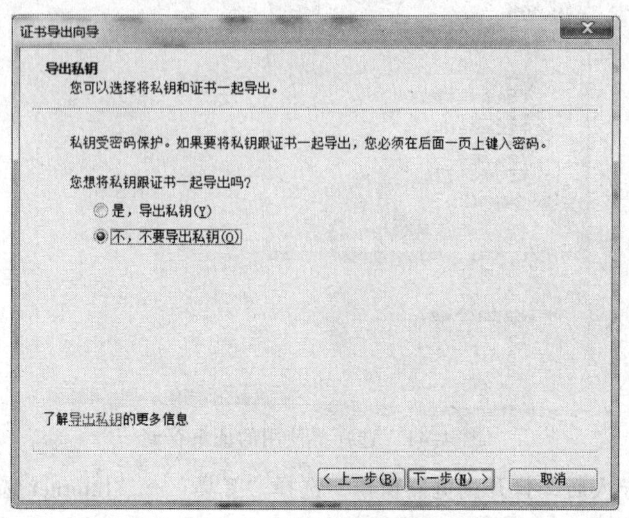

图 4-43　证书导出向导

按照证书导出向导的提示可以完成证书及密钥的导出。

小知识

中国数字认证网为个人或非盈利性机构在线提供免费数字证书，供用户学习使用。免费数字证书的有效期限为一年，申请人不需要支付证书使用费用，证书功能与正式证书一致。证书申请和发放采用在线处理的方式，用户可以在线完成证书的申请，并将证书下载安装到自己的计算机系统或数字证书存储介质中。免费数字证书所包含的内容未经 CA 机构审核，不提供任何信用等级的保证，不适用于需要确认身份的商业行为，也不应该作为任何商业用途的依据。

除了从网上申请免费数字证书，实训过程中可以使用 Windows Server 2008（虚拟机也可以）搭建独立 CA，为网站和客户端颁发数字证书。先安装 IIS，然后安装证书服务，安装独立 CA 后，可以实现数字证书的获取、安装及查看。证书信息如图 4-44 所示，在此对话框中单击安装证书，按照向导提示依次进行，导入成功后可以查看证书的详细信息如图 4-45 所示。

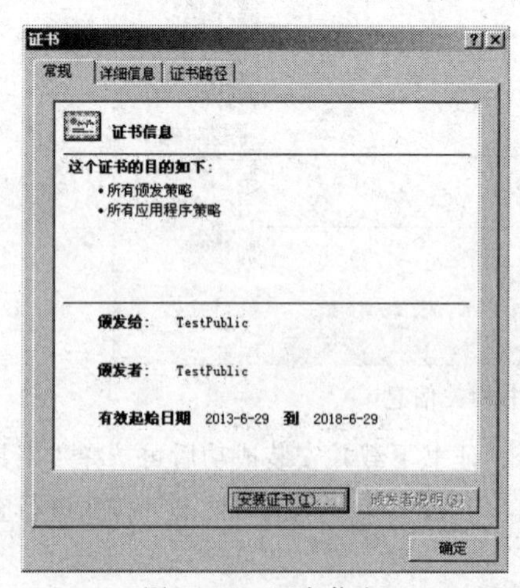

图 4-44　证书信息

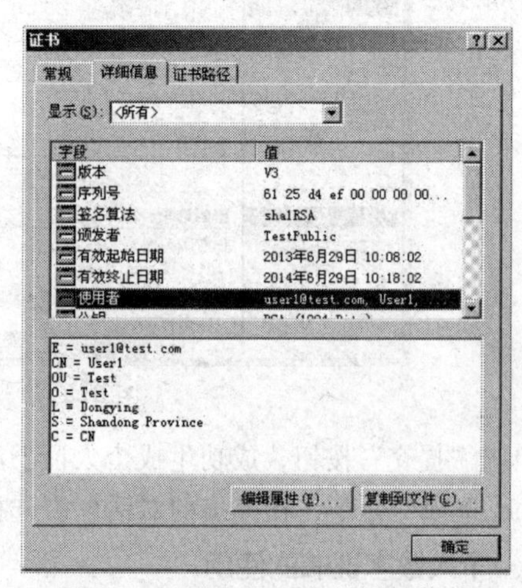

图 4-45　导入后证书的详细信息

下面就可以登录到搭建的 CA 服务器上申请证书服务了，如图 4-46 所示。

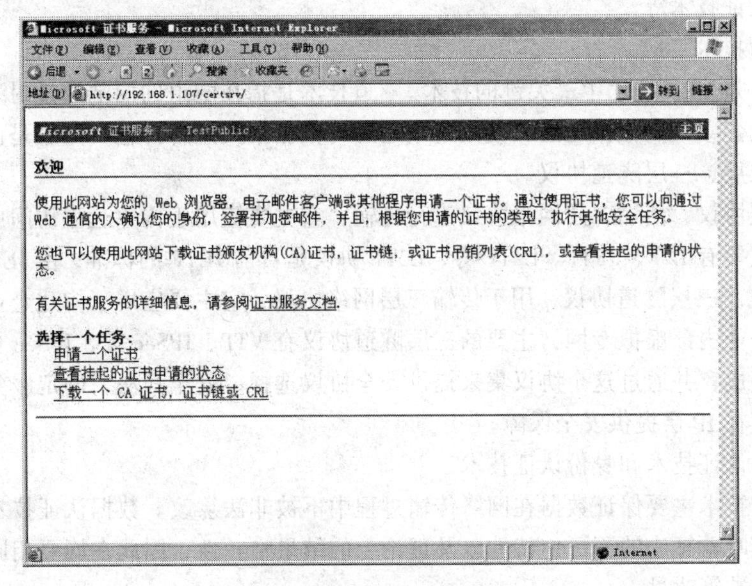

图 4-46 申请证书服务

习题

1. 到网上申请免费数字证书进行使用，如网址 http://www.myca.cn 。

2. 在 Outlook Express 中设置数字证书，证书可以是来源于网上的免费证书或者是搭建的 CA 服务器生成的证书。

3. 发送带数字签名的邮件。

4.3 远程接入安全

公司在外地的分支机构和移动用户通过远程接入方式访问内部网络资源，可以借助 VPN 技术实现加密传输，根据 VPN 的分类，比较常见的有 L2TP_VPN、GRE_VPN、IPSec_VPN 和 SSL_VPN。

4.3.1 VPN

1. VPN 定义

虚拟专用网（Virtual Private Network）是一种通过共享的公共网络建立私有的数据通道，将各个需要接入这张虚拟网的网络或终端通过通道连接起来，构成一个专用的、具有一定安全性和服务质量保证的网络。虚拟是指用户不再需要拥有实际的专用长途数据线路，而是利用 Internet 的长途数据线路建立自己的私有网络。专用网络是指用户可以为自己定制一个最符合自己需求的网络。

2. VPN 常见技术

VPN 主要通过隧道技术来实现业务交付，但是由于公网上业务复杂，安全性较差，因此

VPN 还需采取其他技术保证数据的安全性，主要包括加/解密技术、密钥管理技术、数据认证技术和身份认证技术等。

（1）隧道技术

隧道技术是 VPN 技术中最关键的技术。隧道技术是指在隧道的两端通过封装以及解封装技术在公网上建立一条数据通道，使用这条通道对数据报文进行传输。隧道是由隧道协议形成的，分为二层、三层隧道协议。

二层隧道协议，使用二层网络协议进行传输，它主要应用于构建远程访问虚拟专网，二层隧道协议主要有 L2F、PPTP、L2TP 等，L2TP 协议是目前 IETF 的标准，由 IETF 融合 PPTP 与 L2F 而形成。三层隧道协议，用于传输三层网络协议，它主要应用于构建企业内部虚拟专网和扩展的企业内部虚拟专网，主要的三层隧道协议有 VTP、IPSec 等，IPSec（IP Security）由多个协议组成，并通过这个协议集来提供安全协议选择、安全算法，确定服务所使用密钥等服务，从而在 IP 层提供安全保障。

（2）数据认证技术和身份认证技术

数据认证技术主要保证数据在网络传输过程中不被非法篡改。数据认证技术主要采用哈希算法，由于哈希算法的不可逆特性以及理论上的结果唯一性，因此在摘要相同的情况下可以保证数据没被篡改过。

身份认证技术主要保证接入 VPN 的操作人员的合法性以及有效性，主要采用“用户名/密码”方式进行认证，对安全性较高的还可以使用 USB KEY 等认证方式。

（3）加/解密技术

加/解密技术是数据通信中一项较成熟的技术，VPN 技术可以借助加/解密技术保证数据在网络中传输时不被非法获取。即当数据被封装入隧道后立即进行加密，只有当数据到达隧道对端后，才能由隧道对端对数据进行解密。

（4）密钥管理技术

密钥管理技术在 VPN 中的主要任务是在不安全的公用数据网上安全地传递密钥而不被窃取。最典型的应用就是 IKE 技术，IKE 技术主要被 IPSec VPN 所借用。

3. 分类

VPN 按实现层次可分为 2 类：L3VPN 和 L2VPN（见图 4-47）。

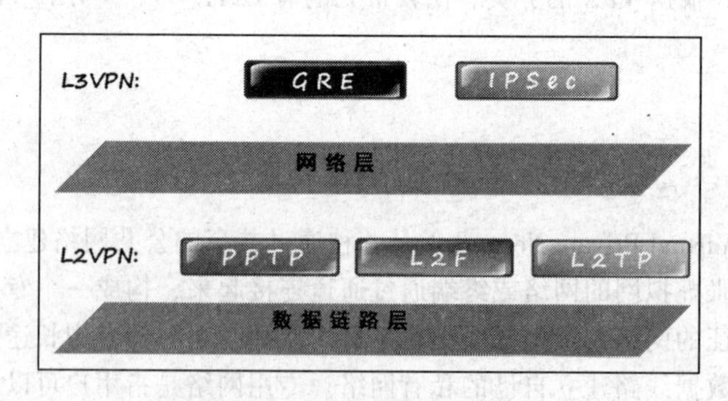

图 4-47　VPN 按实现层次分类

L3VPN，三层 VPN 主要是指 VPN 技术工作在协议栈的网络层。以 IPSec VPN 技术为例，IPSec 报头与 IP 报头工作在同一层次，封装报文时或者是以 IPinIP 的方式进行封装，或者是

IPSec 报头与 IP 报头同时对数据载荷进行封装。除 IPSec VPN 技术外，主要的三层 VPN 技术还有 GRE VPN。GRE VPN 产生的时间比较早，实现的机制也比较简单。GRE VPN 可以实现任意一种网络协议在另一种网络协议上的封装，与 IPSec 相比，安全性没有得到保证，只能提供有限的、简单的安全机制。

L2VPN，与三层 VPN 类似，二层 VPN 则是指 VPN 技术工作在协议栈的数据链路层。二层 VPN 主要包括的协议有点到点隧道协议（PPTP, Point-to-Point Tunneling Protocol）、二层转发协议（L2F, Layer 2 Forwarding）以及二层隧道协议（L2TP, Layer 2 Tunneling Protocol）。

4.3.2 L2TP_VPN

1. L2TP VPN 技术

（1）L2TP

VPDN（Virtual Private Dial Network）是指利用公共网络（如 ISDN 和 PSTN）的拨号功能及接入网来实现虚拟专用网，从而为企业、小型 ISP、移动办公人员提供接入服务。VPDN 隧道协议可分为 PPTP、L2F 和 L2TP 3 种，目前使用最广泛的是 L2TP。

L2TP（Layer 2 Tunnel Protocol）称为二层隧道协议，是为在用户和企业的服务器之间透明传输 PPP 报文而设置的隧道协议。PPP 协议定义了一种封装技术，可以在二层的点到点链路上传输多种协议数据包，这时用户与 NAS（远程接入服务器）之间运行 PPP 协议，二层链路端点与 PPP 会话点驻留在相同硬件设备上。L2TP 协议提供了对 PPP 链路层数据包的通道（Tunnel）传输支持，允许二层链路端点和 PPP 会话点驻留在不同设备上并且采用包交换网络技术进行信息交互，从而扩展了 PPP 模型。从某个角度来讲，L2TP 实际上是一种 PPPoIP 的应用，就像 PPPoE、PPPoA、PPPoFR 一样，都是一些网络应用想利用 PPP 的一些特性，弥补本网络自身的不足。另外，L2TP 协议还结合了 L2F 协议和 PPTP 协议各自的优点，成为 IETF 有关二层隧道协议的工业标准。

L2TP 主要用于企业驻外机构和出差人员可从远程经由公共网络，通过虚拟隧道实现和企业总部之间的网络连接。

（2）L2TP VPN 协议组件（见图 4-48）

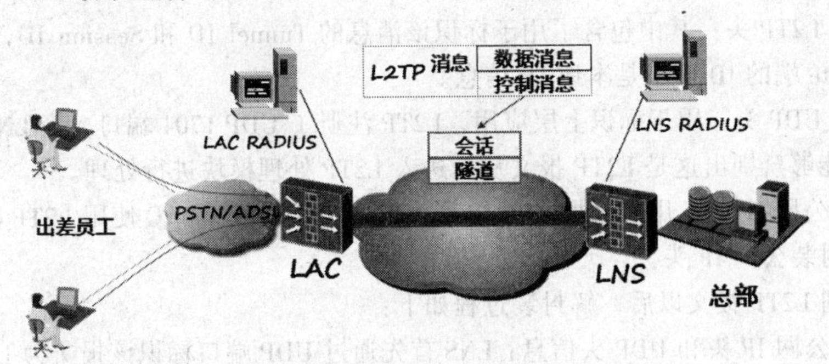

图 4-48 L2TP VPN 协议组件

在 L2TP 构建的 VPDN 中，协议组件包括以下 3 个部分：

① 远端系统。

远端系统是要接入 VPDN 网络的远地用户和远地分支机构，通常是一个拨号用户的主机或私有网络的一台路由设备。

② LAC。

LAC 是附属在交换网络上的具有 PPP 端系统和 L2TP 协议处理能力的设备，通常是一个当地 ISP 的 NAS，主要用于为 PPP 类型的用户提供接入服务。

LAC 位于 LNS 和远端系统之间，用于在 LNS 和远端系统之间传递信息包。它把从远端系统收到的信息包按照 L2TP 协议进行封装并送往 LNS，同时也将从 LNS 收到的信息包进行解封装并送往远端系统。LAC 与远端系统之间采用本地连接或 PPP 链路，VPDN 应用中通常为 PPP 链路。

③ LNS。

LNS 既是 PPP 端系统，又是 L2TP 协议的服务器端，通常作为一个企业内部网的边缘设备。

LNS 作为 L2TP 隧道的另一侧端点，是 LAC 的对端设备，是 LAC 进行隧道传输的 PPP 会话的逻辑终止端点。通过在公网中建立 L2TP 隧道，将远端系统的 PPP 连接的另一端由原来的 LAC 在逻辑上延伸到了企业网内部的 LNS。

L2TP 中存在两种消息：控制消息和数据消息。控制消息用于隧道和会话连接的建立、维护及删除，数据消息则用于封装 PPP 帧并在隧道上传输。

（3）L2TP 协议栈结构及封装过程（见图 4-49、图 4-50）

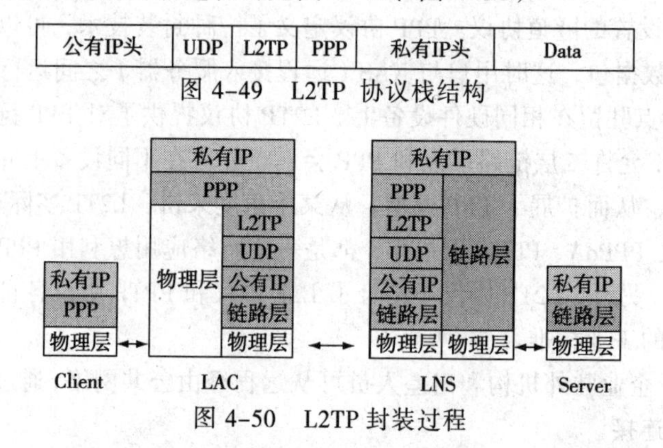

图 4-49　L2TP 协议栈结构

图 4-50　L2TP 封装过程

LAC 封装来自 Client 的 PPP 报文时，封装过程如下：

① 封装 L2TP 头：其中包含了用于标识该消息的 Tunnel ID 和 Session ID，这两个 ID 信息都是 Remote 端的 ID 而不是本地 ID 信息。

② 封装 UDP 头：用于标识上层应用，L2TP 注册了 UDP 1701 端口，当 LNS 收到了该端口的报文时能够辨别出这是 L2TP 报文从而送入 L2TP 处理模块进行处理。

③ 封装公网 IP 头：用于该报文在 IP 网（Internet）转发，LAC 使用 L2TP 隧道的起点和终点地址来封装公网 IP 头。

LNS 收到 L2TP 报文以后，解封装过程如下：

① 检查公网 IP 头和 UDP 头信息：LNS 首先通过 UDP 端口标识该报文为 L2TP 报文，然后检查公网 IP 头的源目的地址是否和本地已经建立成功的 L2TP 隧道源目的地址相同，如果相同则解封装公网 IP 头和 UDP 头，否则丢弃报文。

② 检查 L2TP 头信息：LNS 读取 L2TP 头中的 Tunnel ID 和 Session ID 信息，检查其是否和本地已经建立成功的 L2TP Tunnel ID 和 L2TP Session ID 相同，如果相同则解封装，否则丢弃报文。

③ 检查 PPP 头信息：LNS 检查 PPP 头中的相关信息是否正确，然后解封装 PPP 头。

④ 得到私网 IP 报文：此时 LNS 处理报文的过程就和收到一个普通的 IP 报文处理过程一致，将私网 IP 报文送入上层模块或者进行路由处理。

LNS 发往 LAC 的报文封装和解封装过程和上面类似，主要区别是 LAC 解封装过程中将公网 IP 头、UDP 头和 L2TP 头解封装以后，不再解封装 PPP 头，而是直接将 PPP 报文通过 PPP Session 发往 Client。

（4）L2TP 会话建立过程（见图 4-51）

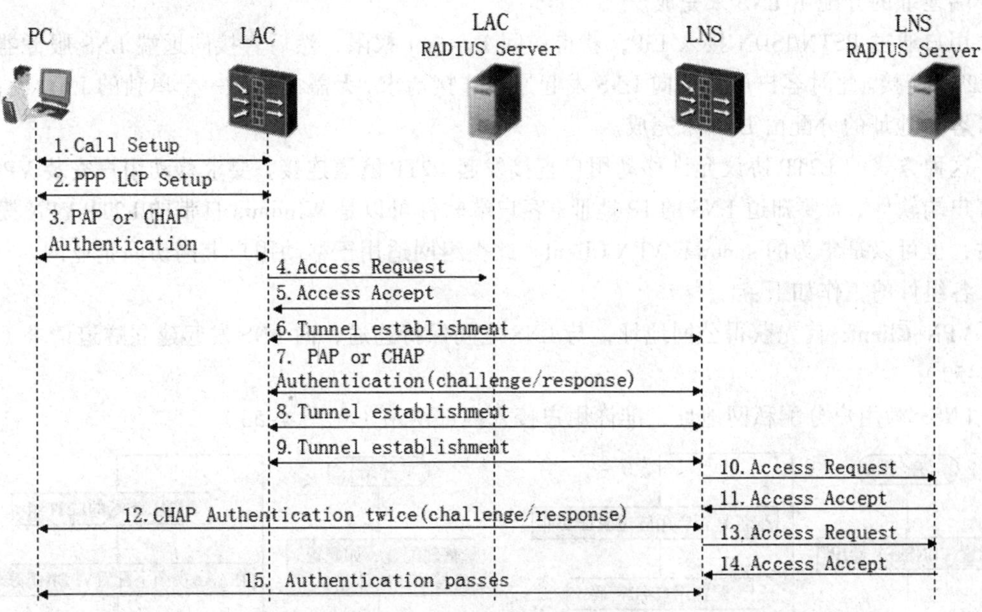

图 4-51　L2TP 会话建立过程

① 用户端 PC 机发起呼叫连接请求。

② PC 机和 LAC 端进行 PPP LCP 协商。

③ LAC 对 PC 机提供的用户信息进行 PAP 或 CHAP 认证。

④ LAC 将认证信息（用户名、密码）发送给 RADIUS 服务器进行认证。

⑤ RADIUS 服务器认证该用户，如果认证通过则返回该用户对应的 LNS 地址等相关信息，并且 LAC 准备发起 Tunnel 连接请求。

⑥ LAC 端向指定 LNS 发起 Tunnel 连接请求。

⑦ LAC 端向指定 LNS 发送 CHAP challenge 信息，LNS 回送该 challenge 响应消息 CHAP response，并发送 LNS 侧的 CHAP challenge，LAC 返回该 challenge 的响应消息 CHAP response。（LAC 和 LNS 验证是否可以建立连接）

⑧ 隧道验证通过。

⑨ LAC 端将用户 CHAP response、response identifier 和 PPP 协商参数传送给 LNS。（LNS 对 PC 进行验证，代理认证 9~11。强制认证 12～14。）

⑩ LNS 将接入请求信息发送给 RADIUS 服务器进行认证。

⑪ RADIUS 服务器认证该请求信息，如果认证通过则返回响应信息。

⑫ 若用户在 LNS 侧配置强制本端 CHAP 认证，则 LNS 对用户进行认证，发送 CHAP challenge，用户侧回应 CHAP response。

⑬ LNS 将接入请求信息发送给 RADIUS 服务器进行认证。

⑭ RADIUS 服务器认证该请求信息，如果认证通过则返回响应信息。

⑮ 验证通过。

（5）Client-Initialized 方式 L2TP（远程拨号用户发起）

应用场景：PC 能上互联网，PC 机上装能进行 L2TP 的软件，已具有 LAC 功能。

LAC 客户端可直接向 LNS 发起隧道连接请求，无需再经过一个单独的 LAC 设备。LAC 客户端地址的分配由 LNS 来完成。

用户通过 PSTN/ISDN 接入 ISP，获得访问 Internet 权限，然后直接向远端 LNS 服务器发起 L2TP 连接。此时客户可直接向 LNS 发起通道连接请求，无需再经过一个单独的 LAC 设备。LAC 客户地址的分配由 LNS 来完成。

这种方式的 L2TP 协议允许移动用户直接发起 L2TP 隧道连接，要求移动用户安装 VPDN 的客户端软件，需要知道 LNS 的 IP 地址。客户端软件可以是 Windows 自带的 L2TP VPN 拨号软件，也可以是华为的 secoway VPN Client。此类组网适用于移动用户上网访问企业网。

各组件的工作如下：

VPN Client：首先获得公网地址，与 LNS 之间保持连通，向 LNS 发起建立隧道请求（见图 4-52）；

LNS：为用户分配私网地址，准许用户接入内部网络（见图 4-53）。

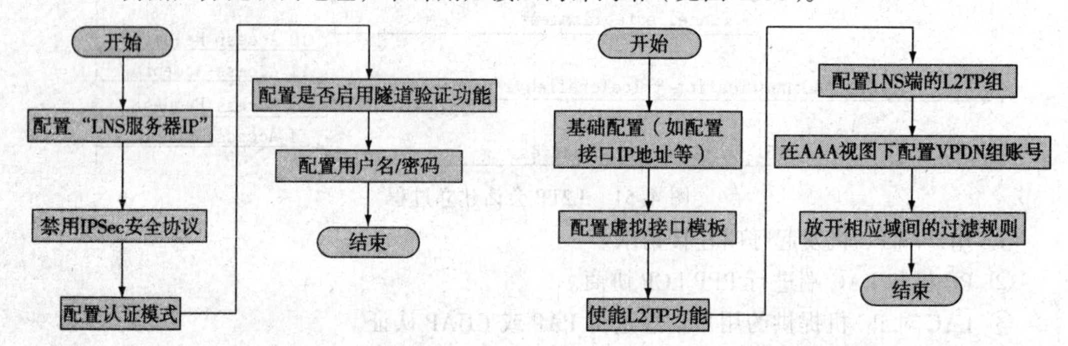

图 4-52　L2TP 配置思路——Client　　图 4-53　L2TP 配置思路——LNS

（6）NAS-Initialized 方式 L2TP

用户通过 PSTN/ISDN 接入 NAS(LAC)，LAC 判断如果是 VPN 用户，由 LAC 通过 Internet 向 LNS 发起建立通道连接请求。拨号用户地址由 LNS 分配；对远程拨号用户的验证与计费既可由 LAC 侧的代理完成，也可在 LNS 侧完成。

这种方式的 L2TP 协议，允许用户在接入到 Internet 的时候，通过 BAS（宽带接入服务器）设备发起 L2TP 隧道连接。这个时候移动用户是不需要安装额外的 VPDN 软件的，但是必须采用 PPP 的方式接入到 Internet，也可以是 PPPoE 等协议。

当在 LAC 设备上对用户的用户名、密码进行验证的时候，根据用户名就可以知道是 L2TP 隧道用户，然后自动向 LNS 设备发起连接，用户自然就接入到了自己的企业 VPN 中了。此方案适用于小型局域网访问公司总部网络。

各组件的工作如下：

VPN Client：向 LAC 设备发起 PPP（或 PPPoE）连接；

LAC：判断用户是否是 L2TP 用户，如果是，判断用户向哪个 LNS 发起隧道请求（见

图 4-54）；

LNS：为用户分配私网地址，准许用户接入内部网络（见图 4-55）。

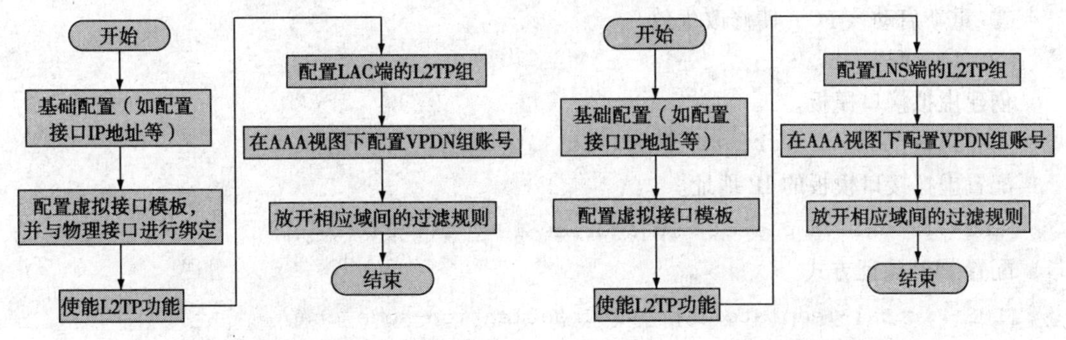

图 4-54　L2TP 配置思路——LAC　　　　图 4-55　L2TP 配置思路——LNS

对于这种方式的 VPDN 接入，主要有如下几个特点：

① 用户必须采用 PPP 的方式接入到 Internet，比如 PPPoE 或者是传统的 PPP 拨号方式等。

② 在运营商的接入设备上（主要是 BAS 设备）需要开通相应的 VPN 服务。

③ 用户需要到运营商处申请这个业务。

④ 对客户端没有任何要求，用户自己也感知不到已经接入到了企业网，完全是由运营商提供 L2TP 隧道服务。

⑤ 一个隧道承载多个会话。

2. L2TP VPN 典型配置——Client-LNS

组网需求：公司建有自己的 VPN 网络，在公司总部的公网出口处，放置了一台 VPN 网关，即 USG 防火墙。要求出差人员能够通过 L2TP 隧道与公司内部业务服务器进行通信。LNS 侧采用本地验证方式，其中，LNS 设备为 USG 防火墙（见图 4-56）。

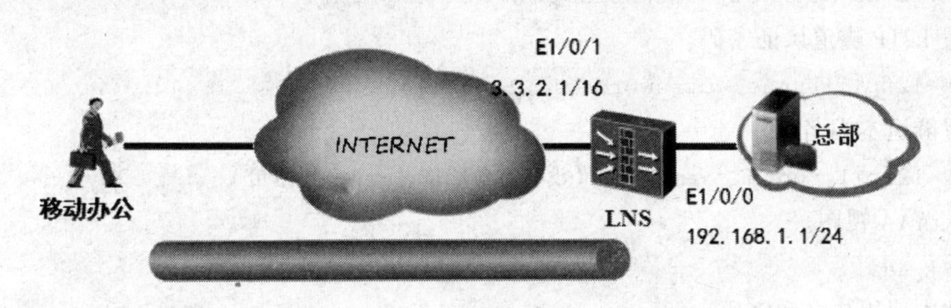

图 4-56　L2TP VPN 典型配置——Client-LNS

详细操作方法如下：

（1）客户端配置

① 选择“开始”→“运行”命令，打开“运行”对话框，输入“regedit”，单击“确定”按钮，进入注册表编辑器。

② 在界面左侧导航树中，定位至“计算机”→“HKEY_LOCAL_MACHINE”→“SYSTEM”→“CurrentControlSet”→“Services”→“Rasman”→“Parameters”。在该路径下右侧界面中，检查是否存在名称为 ProhibitIpSec、数据类型为 DWORD 的键值。如果不存在，右击选择“新建”→“DWORD 值”命令，并将名称命名为 ProhibitIpSec。如果此键值已经存在，请执行下面的步骤。

选中该值右击，选择“修改”命令，编辑 DWORD 值。在“数值数据”文本框中填写 1，单击“确定”按钮。

③ 重新启动该 PC，使修改生效。

（2）LNS 配置

创建虚拟接口模板。

```
[LNS] interface Virtual-Template 1
```

配置虚拟接口模板的 IP 地址。

```
[LNS-Virtual-Template1] ip address 10.1.1.1 24
```

配置 PPP 认证方式。

```
[LNS-Virtual-Template1] ppp authentication-mode chap
```

配置为对端接口分配 IP 地址池中的地址。

```
[LNS-Virtual-Template1] remote address pool 1（原则上与内网地址不能在一个网段）
```

配置虚拟接口模板加入安全区域。

```
[LNS-zone-trust] add interface Virtual-Template 1
```

使能 L2TP 功能。

```
[LNS] l2tp enable
```

配置 L2TP 组。

```
[LNS] l2tp-group 1（除了 1 以外必须指定远端设备的用户名）
```

指定接受呼叫时隧道对端的名称及所使用的 Virtual–Template。

```
[LNS-l2tp1] allow l2tp virtual-template 1 （remote Client01）
```

使能 L2TP 隧道认证。

```
[LNS-l2tp1] tunnel authentication
```

配置 L2TP 隧道认证密码。

```
[LNS-l2tp1] tunnel password simple hello
```

配置隧道本端名称。

```
[LNS-l2tp1] tunnel name lns（设备身份验证，group1 不用）
```

进入 AAA 视图。

```
[LNS] aaa
```

创建本地用户名和密码。

```
[LNS-aaa] local-user pc1 password simple pc1pc1
```

配置用户类型。

```
[LNS-aaa] local-user pc1 service-type ppp
```

配置公共 IP 地址池。

```
[LNS-aaa] ip pool 1 4.1.1.1 4.1.1.99（私网里有该网段的路由）
```

配置域间默认包过滤规则。

```
[LNS] firewall packet-filter default permit interzone local untrust
```

3. L2TP VPN 典型配置——LAC–LNS

组网需求：公司建有自己的 VPN 网络，在公司总部的公网出口处，放置了一台 VPN 网关，即 USG 防火墙。要求公司分支机构人员能够通过 L2TP 隧道与公司内部其他用户进行通信。LNS 侧采用本地验证方式，其中 LAC、LNS 设备均为 USG 防火墙（见图 4-57）。

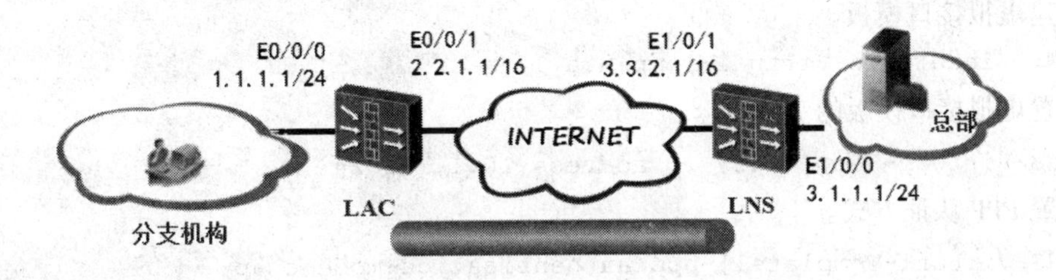

图 4-57 L2TP VPN 典型配置——Client-LNS

（1）LAC 配置

创建虚拟接口模板。

```
[LAC] interface Virtual-Template 1
```

配置 PPP 认证方式。

```
[LAC-Virtual-Template1] ppp authentication-mode chap
```

配置接口绑定虚拟接口模板。

```
[LAC]interface ethernet 0/0/0
[LAC-Ethernet0/0/0] pppoe-server bind virtual-template 1
```

配置虚拟接口模板加入安全区域。

```
[LAC]firewall zone trust
[LAC-zone-trust] add interface Virtual-Template 1
[LAC-zone-trust] add interface ethernet 0/0/0
```

使能 L2TP 功能。

```
[LAC] l2tp enable
```

创建 L2TP 组。

```
[LAC] l2tp-group 1
```

配置 L2TP 隧道对端 IP 地址。

```
[LAC-l2tp1] start l2tp ip 3.3.2.1 fullusername pc1 (domain hs.com)
```

启动 L2TP 隧道认证。

```
[LAC-l2tp1] tunnel authentication
```

配置 L2TP 隧道认证密码。

```
[LAC-l2tp1] tunnel password simple hello
```

配置隧道本端名称。

```
LAC-l2tp1] tunnel name lac
```

进入 AAA 视图。

```
[LAC] aaa
```

配置本地用户和密码。

```
[LAC-aaa] local-user pc1 password simple pc1pc1
```

配置域间默认包过滤规则。

```
[LAC] firewall packet-filter default permit interzone trust local
[LAC] firewall packet-filter default permit interzone untrust local
```

（2）LNS 配置

创建虚拟接口模板。

```
[LNS] interface Virtual-Template 1
```

配置虚拟接口模板的 IP 地址。

```
[LNS-Virtual-Template1] ip address 10.1.1.1 24
```

配置 PPP 认证方式。

```
[LNS-Virtual-Template1] ppp authentication-mode chap
```

配置为对端接口分配 IP 地址池中的地址。

```
[LNS-Virtual-Template1] remote address pool 1
```

配置虚拟接口模板加入安全区域。

```
[LNS-zone-trust] add interface Virtual-Template 1
```


使能 L2TP 功能。

```
[LNS] l2tp enable
```

配置 L2TP 组。

```
[LNS] l2tp-group 1
```

指定接受呼叫时隧道对端的名称及所使用的 Virtual-Template。

```
[LNS-l2tp1] allow l2tp virtual-template 1
```

使能 L2TP 隧道认证。

```
[LNS-l2tp1] tunnel authentication
```

配置 L2TP 隧道认证密码。

```
[LNS-l2tp1] tunnel password simple hello
```

配置隧道本端名称。

```
[LNS-l2tp1] tunnel name lns
```

进入 AAA 视图。

```
[LNS] aaa
```

创建本地用户名和密码。

```
[LNS-aaa] local-user pc1 password simple pc1pc1
```

配置用户类型。

```
[LNS-aaa] local-user pc1 service-type ppp
```

配置公共 IP 地址池。

```
[LNS-aaa] ip pool 1 4.1.1.1 4.1.1.99
```

配置域间默认包过滤规则。

```
[LNS] firewall packet-filter default permit interzone local untrust
```

 **小知识**

LAC 表示 L2TP 访问集中器（L2TP Access Concentrator），是附属在交换网络上的具有

PPP 端系统和 L2TP 协议处理能力的设备。LAC 一般是一个网络接入服务器 NAS，主要用于通过 PSTN/ISDN 网络为用户提供接入服务。LNS 表示 L2TP 网络服务器（L2TP Network Server），是 PPP 端系统上用于处理 L2TP 协议服务器端部分的设备。

4.3.3 GRE_VPN

1. GRE_VPN 技术

（1）GRE 协议概述

GRE（General Routing Encapsulation，通用路由封装）是对某些网络层协议（如 IPX）的报文进行封装，使这些被封装的报文能够在另一网络层协议（如 IP）中传输。

GRE 提供了将一种协议的报文封装在另一种协议报文中的机制，使报文能够在异种网络中传输，封装后报文的传输通道称为 Tunnel。

Tunnel 是一个虚拟的点对点的连接，可以看成仅支持点对点连接的虚拟接口，这个接口提供了一条通路，使封装的数据报能够在这个通路上传输，并在一个 Tunnel 的两端分别对数据报进行封装及解封装。

为了使某些网络层协议（如 ATM、IPv6、AppleTalk 等）的报文能够在 IPv4 网络中传输，可以将某些网络层协议的报文进行封装，以此解决了异种网络的传输问题。GRE 也可以作为 VPN 的三层隧道协议，为 VPN 数据提供透明传输通道。作为一种封装方法，它的实用性很强，只是规定了在一种协议上封装并转发另一种协议的通用方法，所以在 VPN 中，GRE 封装使用得非常普遍。系统收到需要进行封装和路由的某网络层协议（如 IPX）数据时，将首先对其加上 GRE 报文头，使之成为 GRE 报文，再将其封装在另一协议（如 IP）中。这样，此报文的转发就可以完全由 IP 协议负责（见图 4-58）。

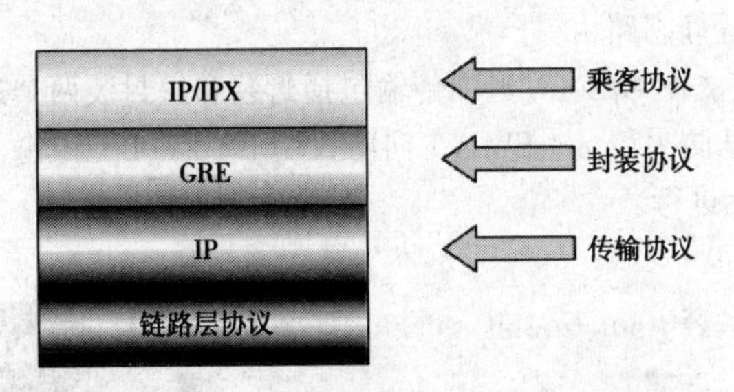

图 4-58 GRE_VPN

相关的概念解释如下：

载荷（Payload）：系统收到的需要封装和路由的数据报称为载荷。

乘客协议（Passenger Protocol）：封装前的报文协议称为乘客协议。

封装协议（Encapsulation Protocol）：上述的 GRE 协议称为封装协议，也称为运载协议（Carrier Protocol）。

传输协议（Transport Protocol 或者 Delivery Protocol）：负责对封装后的报文进行转发的协议称为传输协议。

（2）GRE 特点

① 机制简单，对隧道两端设备的 CPU 负担小。

② 本身不提供数据的加密。

③ 不对数据源进行验证。

④ 不保证报文正确到达目的地。

⑤ 不提供流量控制和 QoS 特性。

⑥ 多协议的本地网可以通过单一协议的骨干网实现传输。

⑦ 将一些不能连续的子网连接起来，用于组建 VPN。

（3）GRE_VPN 技术

① 隧道接口：隧道接口（Tunnel 接口）是为实现报文的封装而提供的一种点对点类型的虚拟接口，与 Loopback 接口类似，都是一种逻辑接口。

隧道接口包含以下元素。

源地址：报文传输协议中的源地址。从负责封装后报文传输的网络来看，隧道的源地址就是实际发送报文的接口 IP 地址。

目的地址：报文传输协议中的目的地址。从负责封装后报文传输的网络来看，隧道本端的目的地址就是隧道目的端的源地址。

隧道接口 IP 地址：为了在隧道接口上启用动态路由协议，或使用静态路由协议发布隧道接口，要为隧道接口分配 IP 地址。隧道接口的 IP 地址可以不是公网地址，甚至可以借用其他接口的 IP 地址以节约 IP 地址。但是当 Tunnel 接口借用 IP 地址时，由于 Tunnel 接口本身没有 IP 地址，无法在此接口上启用动态路由协议，必须配置静态路由或策略路由才能实现路由器间的连通性。

封装类型：隧道接口的封装类型是指该隧道接口对报文进行的封装方式。一般情况下有 4 种封装方式，分别是 GRE、MPLS TE、IPv6-IPv4 和 IPv4-IPv6。

经过手工配置，成功建立隧道之后，就可以将隧道接口看成是一个物理接口，可以在其上运行动态路由协议或配置静态路由。

② 封装与解封装：报文在 GRE 隧道中传输包括封装和解封装两个过程。以图 4-59 的网络为例，如果私网报文从防火墙 A（FW A）向防火墙 B（FW B）传输，则封装在 FW A 上完成，而解封装在 FW B 上进行。

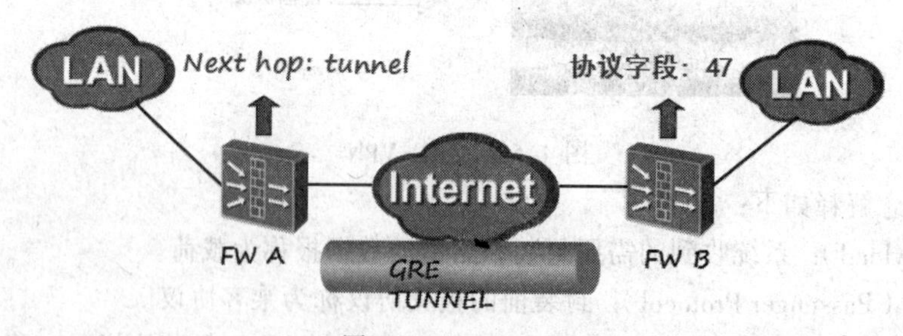

图 4-59　GRE_VPN

FW A 从连接私网的接口接收到私网报文后，首先交由私网上运行的协议模块处理。

私网协议模块检查私网报文头中的目的地址并在私网路由表或转发表中查找出接口，确定如何路由此包。如果发现接口是 Tunnel 接口，则将此报文发给隧道模块。

隧道模块收到此报文后进行如下处理：

- 隧道模块根据乘客报文的协议类型和当前 GRE 隧道所配置的 Key 和 Checksum 参数，对报文进行 GRE 封装，即添加 GRE 头。

• 根据配置信息（传输协议为 IP）给报文加上 IP 头。该 IP 头的源地址就是隧道源地址，IP 头的目的地址就是隧道目的地址。

• 将该报文交给 IP 模块处理，IP 模块根据该 IP 头的地址，在公网路由表中查找相应的接口并发送报文。之后，封装后的报文将在该 IP 公共网络中传输。

解封装过程和封装过程相反。FW B 从连接公网的接口收到该报文，分析 IP 头发现报文的目的地址为本设备，且协议字段值为 47，表示协议为 GRE（参见 RFC1700），于是交给 GRE 模块处理。GRE 模块去掉 IP 头和 GRE 报头，并根据 GRE 头的 Protocol Type 字段，发现此报文的乘客协议为私网上运行的协议，于是交由此协议处理，此协议像对待一般数据报一样对此数据报进行转发。

③ 安全机制：GRE 本身提供校验和验证以及识别关键字验证两种安全机制，这两种安全机制都属于比较弱的安全机制，因此如果应用中需要更多的安全机制，可以将 GRE 和其他安全性较高的 VPN 技术进行结合，例如和 IPSEC 进行配合。

校验和验证是指对封装的报文进行端到端校验。RFC1701 中规定，如果 GRE 报头中的 C 位置为 1，则校验和有效，校验和是 GRE 头中的可选字段。如果 C 位置为 1，则发送方将根据 GRE 头及 payload 信息计算校验和，在报文头的 Checksum 字段的位置插入校验和，将包含校验和的报文发送给对端。接收方对接收到的报文计算校验和，并与报文中的校验和进行比较。如果计算出来的校验和与报文中的校验和一致，则对报文进一步处理，否则丢弃报文。实际应用时，隧道两端可以根据需要选择是否配置校验和，从而决定是否触发校验功能。因校验和配置不同，对收发报文的处理方式也不同。

识别关键字（key）是指对 Tunnel 接口进行校验。通过这种弱安全机制，可以防止错误识别、接收其他地方来的报文。RFC1701 中规定，若 GRE 报头中的 K 位置为 1，则在 GRE 头中插入关键字字段，收发双方将进行通道识别关键字的验证。关键字字段是一个 4 字节长的数，在报文封装时被插入 GRE 头。关键字的作用是标志隧道中的流量，属于同一流量的报文使用相同的关键字，在报文解封装时，隧道端将基于关键字来识别属于相同流量的数据报，只有 Tunnel 两端设置的识别关键字完全一致时才能通过验证，否则将报文丢弃。这里的“完全一致”是指两端都不设置识别关键字，或者两端都设置关键字，且关键字的值相等。

2. GRE_VPN 配置

运行 IP 协议的两个子网网络，通过在防火墙 A 和防火墙 B 之间使用三层隧道协议 GRE 实现互联（见图 4-60）。

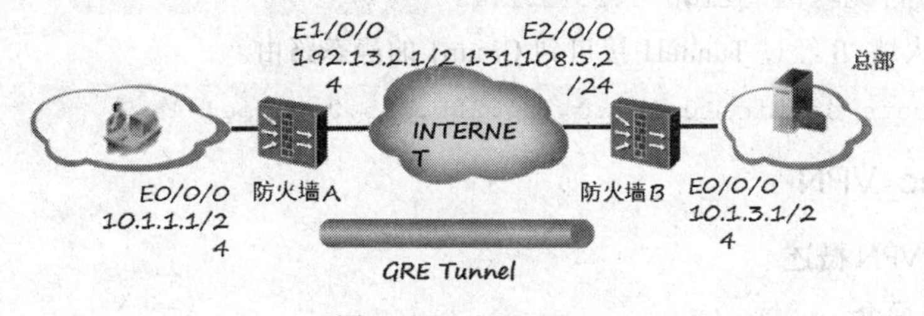

图 4-60 GRE_VPN

（1）配置防火墙 A

基本配置（略）。

创建 Tunnel1 接口。

```
[A] interface tunnel 1
```

配置 Tunnel1 接口的 IP 地址。

```
[A-Tunnel1] ip address 10.1.1.1 24
```

配置 Tunnel 封装模式。

```
[A-Tunnel1] tunnel-protocol gre
```

配置 Tunnel1 接口的源地址（防火墙 A 的 Ethernet 1/0/0 的 IP 地址）。

```
[A-Tunnel1] source 192.13.2.1
```

配置 Tunnel1 接口的目的地址（防火墙 B 的 Ethernet 2/0/0 的 IP 地址）。

```
[A-Tunnel1] destination 131.108.5.2
```

配置从防火墙 A 经过 Tunnel1 接口到 Group2 的静态路由。


```
[A] ip route-static 10.1.3.0 255.255.255.0 tunnel 1
```

进入 Untrust 区域视图。

```
[A] firewall zone untrust
```

配置 Tunnel 1 加入 Untrust 区域。

```
[A-zone-Untrust] add interface Tunnel 1
```

配置域间默认包过滤规则。

```
[A] firewall packet-filter default permit interzone trust local
[A] firewall packet-filter default permit interzone untrust local
[A] firewall packet-filter default permit interzone trust untrust
```

（2）配置防火墙 B

防火墙 B 的配置与 A 基本一致，只需调换隧道的源地址和目的地址以及默认路由。

配置 Tunnel1 接口的 IP 地址。

```
[B-Tunnel1] ip address 10.1.3.1 24
```

配置 Tunnel1 接口的源地址（防火墙 A 的 Ethernet 1/0/0 的 IP 地址）。

```
[B-Tunnel1] source 131.108.5.2
```

配置 Tunnel1 接口的目的地址（防火墙 B 的 Ethernet 2/0/0 的 IP 地址）

```
[B-Tunnel1] destination 192.13.2.1
```

配置从防火墙 B 经过 Tunnel1 接口到 Group1 的静态路由。

```
[B] ip route-static 10.1.1.0 255.255.255.0 tunnel 1
```

4.3.4 IPSec_VPN

1. **IPSec_VPN 概述**

（1）IPSec 简介

IPSec（IP Security）协议族是 IETF 制定的一系列安全协议，它为端到端 IP 报文交互提供了基于密码学的、可互操作的、高质量的安全保护机制（见图 4-61）。

图 4-61　IPSec VPN

当分布于不同地域的企业或个人通过 Internet 进行通信时，由于处于不同的物理地域，它们之间进行通信的绝大部分流量都需要穿越 Internet 上的未知网络，无法保证在网络上发送和接收数据的安全性。

IPSec 提供了一种建立和管理安全隧道的方式，通过对要传输的数据报文提供认证和加密服务来防止数据在网络内或通过公网传输时被非法查看或篡改，相当于为位于不同地域的用户创建了一条安全的通信隧道。

应用场景主要有以下 3 种类型：

① 网关（如防火墙）之间；

② 主机与网关之间；

③ 主机与主机之间。

（2）IPSec 特性：

① 机密性：对数据进行加密，确保数据在传输过程中不被其他人员查看；

② 完整性：对接收到的数据包进行完整性验证，以确保数据在传输过程中没有被篡改；

③ 真实性：验证数据源，以保证数据来自真实的发送者（IP 报文头内的源地址）；

④ 抗重放：防止恶意用户通过重复发送捕获到的数据包所进行的攻击，即接收方会拒绝旧的或重复的数据包。

（3）IPSec VPN 体系结构描述（见图 4-62）

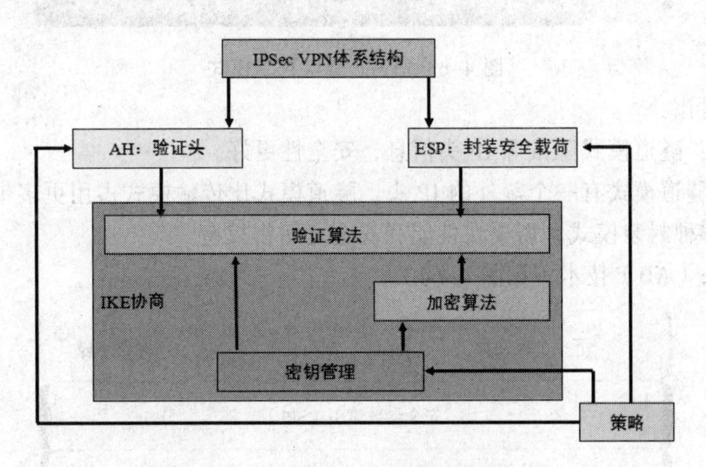

图 4-62　PSec VPN 体系结构

IPSec VPN 体系结构主要由 AH、ESP 和 IKE 协议套件组成。IPSec 通过 ESP 来保障 IP 数据传输过程的机密性，使用 AH/ESP 提供数据完整性、数据源验证和抗报文重放功能。ESP 和 AH 定义了协议和载荷头的格式及所提供的服务，但却没有定义实现以上能力所需的具体转码方式，转码方式包括对数据转换方式，如算法、密钥长度等。为简化 IPSec 的使用和管理，IPSec 还可以通过 IKE 进行自动协商交换密钥、建立和维护安全联盟的服务。

① AH 协议：AH 是报文头验证协议，主要提供的功能有数据源验证、数据完整性校验和防报文重放功能。然而，AH 并不加密所保护的数据报。

② ESP 协议：ESP 是封装安全载荷协议。它除提供 AH 协议的所有功能外（但其数据完整性校验不包括 IP 头），还可提供对 IP 报文的加密功能。

③ IKE 协议：IKE 协议用于自动协商 AH 和 ESP 所使用的密码算法。

（4）IPSec 协议封装模式

IPSec 协议有两种封装模式：传输模式和隧道模式。

在传输模式下，IPSec 协议处理模块会在 IP 报头和高层协议报头之间插入一个 IPSec 报头。在这种模式下，IP 报头与原始 IP 分组中的 IP 报头是一致的，只是 IP 报文中的协议字段会被改成 IPSec 协议的协议号（50 或者 51），并重新计算 IP 报头校验和。传输模式保护数据包的有效载荷、高层协议，IPSec 源端点不会修改 IP 报头中目的 IP 地址，原来的 IP 地址也会保持明文。传输模式只为高层协议提供安全服务。这种模式常应用在需要保护的两台主机之间的端到端连接，而不是多台主机的两个网关之间的数据流。

与传输模式不同，在隧道模式下，原始 IP 分组被封装成一个新的 IP 报文，在内部报头以及外部报头之间插入一个 IPSec 报头，源 IP 地址被当作有效载荷的一部分受到 IPSec 的保护。另外，通过对数据加密，还可以隐藏源数据包中的 IP 地址，这样更有利于保护端到端通信中数据的安全性（见图 4-63）。

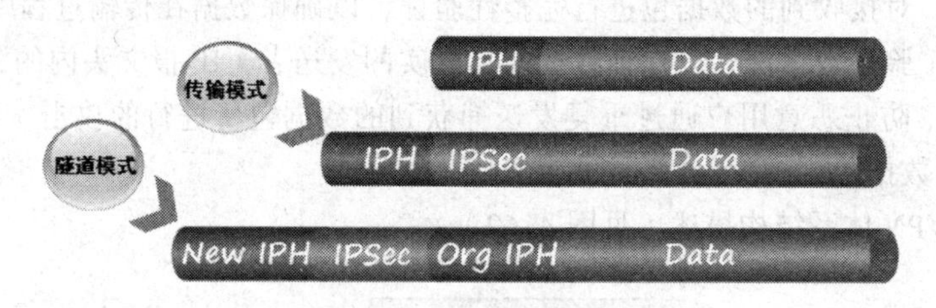

图 4-63 PSec 协议封装模式

封装模式对比：

① 安全性：隧道模式隐藏源 IP 头信息，安全性更好。

② 性能：隧道模式有一个额外的 IP 头，隧道模式比传输模式占用更多带宽。

具体选择哪种封装模式，需要在性能和安全之间作权衡。

（5）验证头（AH）技术（见图 4-64）

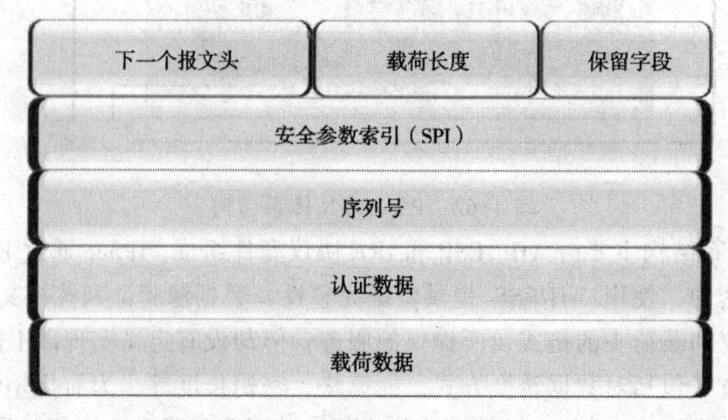

图 4-64 验证头（AH）

验证头（Authentication Header，AH）是 IPSec 协议集合中的一个重要安全协议，用于为 IP 提供数据完整保护、数据原始身份认证以及防重放服务，它定义在 RFC2402 中。除了机密性之外，AH 提供 ESP 能够提供的一切功能。

由于 AH 不提供机密性保证，所以它也不需要加密算法。AH 定义保护方法、报头的位置、身份验证的覆盖范围以及输出和输入处理规则，但没有对所用的身份验证算法进行定义。与 ESP 一样，AH 没有硬性规定防重放保护，是否使用防重放服务由接收端自行选择。发送端无法得知接收端是否会检查其序列号，其结果是，发送端必须一直认定接收端正在采用防重放服务。

和 ESP 一样，AH 也是 IP 的一个万用型安全服务协议。但是 AH 提供的数据完整性与 ESP 提供的数据完整性稍有不同；AH 对外部 IP 头各部分也会进行身份验证。

AH 使用传输模式来保护上层协议，或者使用隧道模式来保护一个完整的 IP 数据报。在任何一种模式下，AH 头都会紧跟在一个 IP 头之后。AH 可以单独使用，也可以与 ESP 联合使用，为数据提供最完整的安全保护。

AH 用于传输模式时，保护的是端到端的通信。通信的终点必须是 IPSec 终点。AH 头被插在数据报中，紧跟在 IP 头之后（和任意选项），需要保护的上层协议之前。

AH 用于隧道模式时，它将自己保护的数据报文封装起来，另外，在 AH 头之前，另添了一个新的 IP 头。"里面的" IP 数据报中包含了通信的原始报文，而新的 IP 头则包含了 IPSec 端点的地址。隧道模式可用来替换端对端安全服务的传输模式。

（6）封装安全载荷（ESP）技术（见图 4-65）

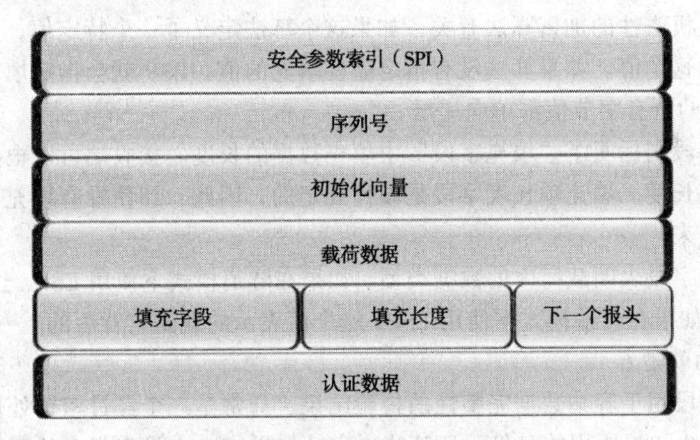

图 4-65　封装安全载荷（ESP）

ESP 使用一系列加密算法提供机密性，数据完整性则由认证算法保证。具体使用过程中采用的算法则是由 ESP 安全联盟的相应组件决定的。另外 ESP 能够通过序列号提供防重放服务，至于是否采用则由数据包的接收者来决定。这是因为一个唯一的、单向递增的序列号是由发送端插入的，但却并不要求接收端对该数据报进行检验。由于这项保护对安全性大有好处，所以一般都会采用。

ESP 可在不同的操作模式下使用。不管 ESP 处于什么模式， ESP 头都会紧紧跟在一个 IP 头之后。在 IPv4 中，ESP 头紧跟在 IP 头后面，ESP 使用的协议号是 50。也就是说，当 ESP 头插入原始报文中后，ESP 之前的 IP 头中的协议字段将是 50，以表明 IP 头之后是一个 ESP 头。

作为一个IPSec头，ESP头中必然包含一个SPI字段。这个值和IP头之前的目标地址以及协议结合在一起，用来标识特定的安全联盟。SPI本身是个任意数，可以由使用者自己指定，也可交由一些密钥管理技术自行协商决定。需要注意的是，SPI可以经过验证，但却无法被加密。这是必不可少的一种做法，因为SPI用于SA的标识，指定了采用的加密算法以及密钥，并用于对包进行解密，如果SPI本身也被加了密，则会碰到一个非常严重的问题——“先有鸡，还是先有蛋。”

序列号是一个独一无二、单向递增、并由发送端插在ESP头中的一个32位数值。通过序列号，ESP具有了防重放的能力，与SPI一样，序列号经过了验证，但却没有加密。这是由于人们希望在协议模块处理流程的最前端可以根据它判断一个包是否重复，然后决定是否丢弃这个包，而不至于动用更多的资源对其进行解密。

初始化向量（IV, Initial Vector）并不是一个必不可少的字段，但在ESP定义的加密算法中，有一些特殊的加密算法需要这个值。根据不同的加密算法，IV的取值方式也不尽相同。相同的原因，IV也是只验证不加密的字段。

填充字段在ESP头中主要有3个功能。某些加密算法对输入的明文有严格的定义，例如明文的大小必须是某个数目字节的整数倍（如分块加密算法中要求明文是单块长度的整数倍）。填充字段的第一个功能就是将明文扩展到算法需要的长度。另外，由于ESP要求ESP头必须是32 bit的整数倍，“填充长度”以及“下一个报头”这两个字段需要靠右对齐排列，填充字段也用来保证这样的报文格式。最后一个功能是出于安全性考虑的，就是填充字段可以隐藏数据载荷的实际长度，从而提供一定的保密性。填充字段的最大长度可达255个字节。填充内容与提供机密性的加密算法有关，如果这个算法定义了一个特定值，那么填充字段的内容就只能采用这个值。如果算法没有指定需要填充的值，ESP就会指定填充的第一个字节的值是1，后面的所有字节值都单向递增。

填充长度字段则标明了“填充字段”中填充数据的长度。接收端可以根据这个字段恢复载荷数据的真实长度。填充项长度字段是硬性规定的，因此，即使没有填充，填充长度字段仍会将它表示出来。

下一个报头字段表明载荷内的数据类型。如果在隧道模式下使用ESP，这个值就会是4，表示IP-in-IP。如果在传输模式下使用ESP，这个值表示的就是它背后的上一级协议的类型，比如TCP对应的就是6。

认证数据字段用于容纳数据完整性的检验结果，通常是一个经过密钥处理的散列函数。这一字段的长度由SA所用的身份验证算法决定，如果SA中没有指定认证算法，则认证数据字段将不存在。

具体应用中，ESP可以使用传输模式也可以使用隧道模式，不同的模式决定了ESP对保护对象的定义。在传输模式中无法保护原有的IP头，在隧道模式中，整个原始报文都可以受到保护。

ESP在IP报头中的协议号为50，传输模式中ESP报头位于IP报头和传输层协议报头之间，在数据后面增加ESP尾；隧道模式中ESP报头位于新IP头和初始报文之间，在数据后面增加ESP尾。

（7）Internet密钥交换（IKE）技术

① 安全联盟：用IPSec保护一个IP包之前，必须先建立一个安全联盟（SA）。IPSec的

安全联盟可以通过手工配置的方式建立，但是当网络中节点较多时，手工配置将非常困难，而且难以保证安全性。这时就可以使用 IKE（Internet Key Exchange）自动进行安全联盟建立与密钥交换的过程。Internet 密钥交换（IKE）用于动态建立 SA，代表 IPSec 对 SA 进行协商。

IKE 具有一套自保护机制，可以在不安全的网络上安全地分发密钥、验证身份、建立 IPSec 安全联盟。

- DH（Diffie-Hellman）交换及密钥分发：Diffie-Hellman 算法是一种公共密钥算法。通信双方在不传送密钥的情况下通过交换一些数据，计算出共享的密钥，加密的前提是交换加密数据的双方必须要有共享的密钥。IKE 的精髓就在于它永远不在不安全的网络上直接传送密钥，而是通过一系列数据的交换，最终计算出双方共享的密钥。即使第三者（如黑客）截获了双方用于计算密钥的所有交换数据，也不足以计算出真正的密钥。
- 完善的前向安全性（Perfect Forward Secrecy）：PFS 是一种安全特性，指一个密钥被破解，并不影响其他密钥的安全性，因为这些密钥间没有派生关系。PFS 是由 DH 算法保障的。此特性是通过在 IKE 阶段 2 的协商中增加密钥交换来实现的。
- 身份验证：身份验证确认通信双方的身份。对于 pre-shared key 验证方法，验证字用来作为一个输入产生密钥，验证字不同是不可能在双方产生相同的密钥的。验证字是验证双方身份的关键。
- 身份保护：身份数据在密钥产生之后加密传送，实现了对身份数据的保护。

② IPSec SA 概念：IPSec 在两个端点之间提供安全通信，端点被称为 IPSec 对等体。IPSec 能够允许系统、网络的用户或管理员控制对等体间安全服务的力度。例如，某个组织的安全策略可能规定来自特定子网的数据流应同时使用 AH 和 ESP 进行保护，并使用 3DES（Triple Data Encryption Standard）进行加密；另一方面，策略可能规定来自另一个站点的数据流只使用 ESP 保护，并仅使用 DES 加密。通过 SA（Security Association），IPSec 能够对不同的数据流提供不同级别的安全保护。

安全联盟是 IPSec 的基础，也是 IPSec 的本质。SA 是通信对等体间对某些要素的约定，例如，使用哪种安全协议、协议的操作模式（传输模式和隧道模式）、加密算法（DES 和 3DES）、特定流中保护数据的共享密钥以及密钥的生存周期等。

安全联盟是单向的。在两个对等体之间的双向通信，最少需要两个安全联盟来分别对两个方向的数据流进行安全保护。同时，如果希望同时使用 AH 和 ESP 来保护对等体间的数据流，则分别需要两个 SA，一个用于 AH，另一个用于 ESP。

安全联盟由一个三元组来唯一标识，这个三元组包括安全参数索引（SPI，Security Parameter Index）、目的 IP 地址、安全协议号（AH 或 ESP）。SPI 是为唯一标识 SA 而生成的一个 32 bit 的数值，它在 IPSec 头中传输。

IKE 使用了两个阶段为 IPSec 进行密钥协商并建立安全联盟：

第一阶段，通信各方彼此间建立了一个已通过身份验证和安全保护的隧道，即 IKE SA。协商模式包括主模式、野蛮模式。认证方式包括预共享密钥、数字签名方式、公钥加密。

第二阶段，用在第一阶段建立的安全隧道为 IPSec 协商安全服务，建立 IPSec SA，IPSec SA 用于最终的 IP 数据安全传送。协商模式为快速模式。

IKE 交换阶段第一阶段——主模式交换：

主模式被设计成将密钥交换信息与身份认证信息相分离的一种交换技术。这种分离保证了身份信息在传输过程中的安全性，这是因为交换的身份信息受到了加密保护。

主模式总共需要经过 3 个步骤共 6 条消息来完成第一阶段的协商，最终建立 IKE SA（见图 4-66）。

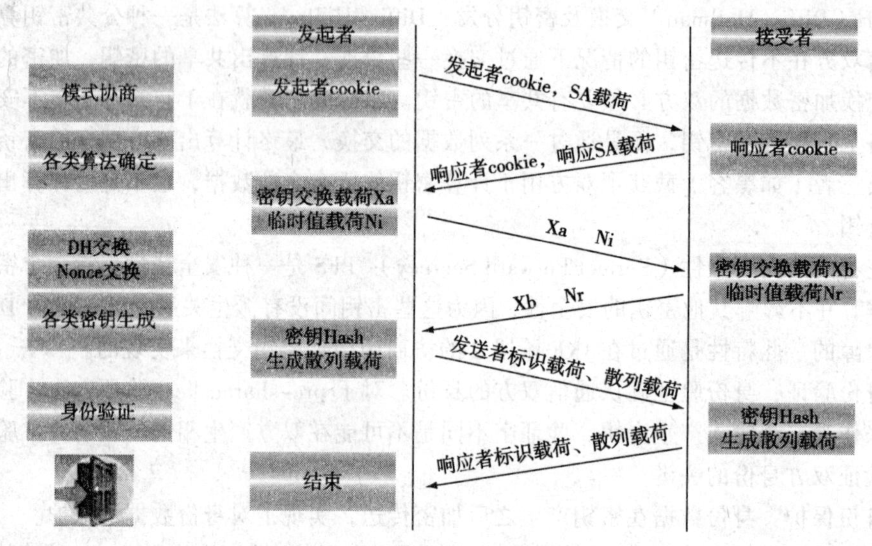

图 4-66 IKE 预共享密钥方式主模式交换过程

这 3 个步骤分别是模式协商、Diffie-Hellman 交换和 Nonce 交换以及对对方身份的验证。主模式的特点包括身份保护以及对 ISAKMP 协商能力的完全利用。其中，身份保护在对方希望隐藏自己的身份时显得尤为重要。

在消息 1、2 发送之前，协商发起者和响应者必须计算产生自己的 cookie，用于唯一标识每个单独的协商交换，cookie 使用源/目的 IP 地址、随机数字、日期和时间进行 MD5 运算得出。

在第一次交换中，需要交换双方的 cookie 和 SA 载荷，在 SA 载荷中携带需要协商的 IKE SA 的各项参数，主要包括 IKE 的散列类型、加密算法、认证算法和 IKE SA 的协商时间限制等。

第一次交换后第二次交换前，通信双方需要生成用于产生 Diffie-Hellman 共享密钥的 DH 值。生成方法是双方各自生成一个随机数字，通过 DH 算法对随机数字进行运算，得出一个 DH 值 Xa 和 Xb（Xa 是发起方的 DH 值，Xb 是响应者的 DH 值），然后双方再根据 DH 算法运算得出一个临时值 Ni 和 Nr。

第二次交换中，双方交换各自的密钥交换载荷（即 Diffie-Hellman 交换）以及临时值载荷（即 Nonce 交换）。其中密钥交换载荷包含了 Xa 和 Xb，临时值交换包含了 Ni 和 Nr。

双方交换了临时值载荷 Ni 和 Nr 之后，配合事先预置好的预共享密钥，再通过随机函数运算便可产生一个密钥 SKEYID，这个密钥是后续所有密钥生成的基础。随后，通过自己算出来的 DH 值、交换得到的 DH 值以及 SKEYID 进行运算便可产生一个只有双方才知道的共享密钥 SKEYID_d。此共享密钥并不进行传输，传输的只是 DH 值以及临时值，因此即使第三方得到了这些材料也无法计算出共享密钥。

在第二次交换完成之后，双方所需的计算材料都已经交换完毕，此时，双方就可以将所有的密钥计算出来,并使用该密钥对随后的 IKE 消息提供安全保护。这些密钥包括:SKEYID_a 以及 SKEYID_e。SKEYID_a 用来为 IKE 消息提供完整性以及数据源身份验证等安全服务；SKEYID_e 则用于对 IKE 消息进行加密。

第三次交换是对标识载荷和散列载荷进行交换。标识载荷包含了发起者的标识信息、IP 地址或主机名，散列载荷包含上一过程中产生的 3 组密钥进行 Hash 运算得出的值。这两个载荷通过 SKEYID_e 进行加密，如果双方的载荷相同，那么认证成功。IKE 第一阶段主模式预共享密钥交换也就完成了。

野蛮模式一共需要交换 3 条消息（见图 4-67）：消息 1 交换 SA 载荷、密钥材料和身份信息；消息 2 在交换消息 1 内容的同时增加了 Hash 认证载荷；消息 3 是响应方对发起方的认证。

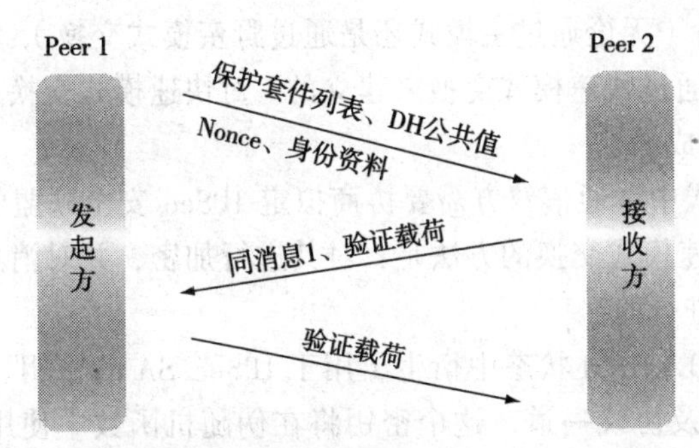

图 4-67　IKE 野蛮模式预共享密钥协商过程

IKE 交换阶段第一阶段——野蛮模式交换：

从上述主模式协商的叙述中可以看到，在第二次交换之后便可生成会话密钥，会话密钥的生成材料中包含了预共享密钥。而当一个对等体同时与多个对等体进行协商 SA 时，则需要为每个对等体设置一个预共享密钥。为了对每个对等体正确地选择对应的预共享密钥，主模式需要根据前面交换信息中的 IP 地址来区分不同的对等体。

但是当发起者的 IP 地址是动态分配获得的时候，由于发起者的 IP 地址不可能被响应者提前知道，而且双方都打算采用预共享密钥验证方法，此时响应者就无法根据 IP 地址选择对应的预共享密钥。野蛮模式就是被用于解决这个矛盾的。

与主模式不同，野蛮模式仅用 3 条信息便完成了 IKE SA 的建立。由于对消息数进行了限制，野蛮模式同时也限制了它的协商能力，而且不会提供身份保护。

在野蛮模式的交换过程中，发起者会提供一个保护套件列表、Diffie-Hellman 公共值、Nonce 以及身份资料，所有这些信息都是随第一条信息进行交换的。作为响应者，则需要回应选择一个保护套件、Diffie-Hellman 公共值、Nonce、身份资料以及一个验证载荷。发起者将它的验证载荷在最后一条消息交换。

野蛮模式由于在其第一条信息中就携带了身份信息，因此本身无法对身份信息进行加密保护，这就降低了协商的安全性，但也因此不依赖 IP 地址标识身份，在野蛮模式下也就有了更多灵活的应用。

IKE 交换阶段第二阶段——快速模式交换：

快速模式一共需要交换 3 个消息，消息 1 和消息 2 中，交换 SA、KEY、Nonce 和 ID。用以协商算法、保证 PFS 以及提供“在场证据”，消息 3 是用于验证响应者是否可以通信，相当于确认信息（见图 4-68）。

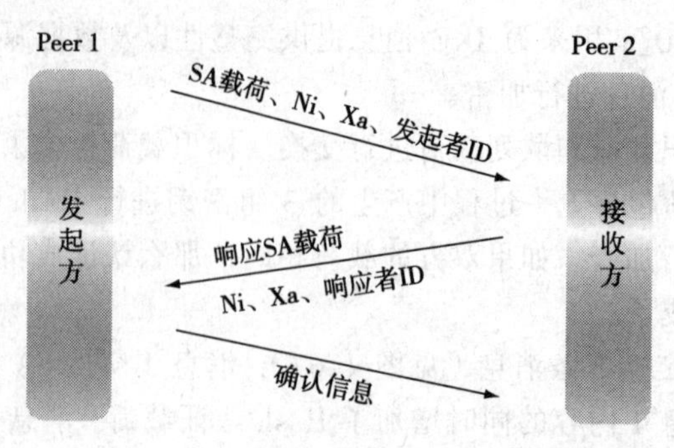

图 4-68 快速模式协商过程

建立好 IKE SA 之后（无论通过主模式还是通过野蛮模式交换），便可用它为 IPSec 生成相应的 SA。IPSec SA 是通过快速模式交换来建立的，对快速模式交换来说，它是在以前建立好的 IKE SA 的保护下完成的。

在一次快速交换模式中，通信双方需要协商拟定 IPSec 安全联盟的各项特征，并为其生成密钥。IKE SA 保护快速模式交换的方法是：对其进行加密，并对消息进行验证。消息的验证是通过伪随机函数来进行的。

快速模式需要从 SKEYID_d 状态中衍生出用于 IPSec SA 的密钥。随同交换的 Nonce 以及来自 IPSec SA 的 SPI 及协议一道，这个密钥将在伪随机函数中使用，这样便可确保每个 SA 都有自己独一无二的密钥，每个 SA 都有一个不同的 SPI，所以入方向 SA 的密钥也会与出方向 SA 不同。所有 IPSec 密钥都是自相同的来源衍生的，所以相互间都有关联。假如一名攻击者能够根据 IKE SA 判断出 SKEYID_d 的值，那么就能非常容易地掌握自那个 SKEYID_d 衍生出来的任何 IPSec SA 的任何密钥，另外，还能继续掌握未来将要衍生的所有密钥。这显然是个大问题，所有这些密钥都不能保证所谓的“完美向前保密（PFS）”。快速模式为此专门提供了一个 PFS 选项，来满足这方面的需要，用户可根据自己的安全需要选择是否使用 PFS。

为了在快速模式交换中实现 PFS，需要执行一次额外的 Diffie-Hellman 交换，最终生成的共享密钥将在为 IPSec 生成密钥的过程中用到。显然，一旦交换完成，这个密钥便不复存在，它所驻留的那个内存位置必须清零和释放，从而保证了密钥之间的不相关性。

基于 IPSec 业务应用，不管是出站还是入站流量，防火墙均根据数据类型采取丢弃报文、绕过安全服务和应用安全服务 3 方面进行处理（见图 4-69）。

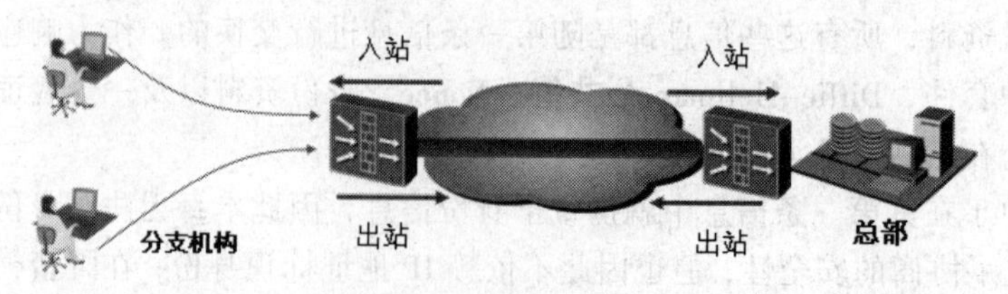

图 4-69 IPSec 流量处理

出站流量：出站数据报文首先进入 SPDB 数据库进行检索，以判断将为这个报文提供哪些安全服务检索。输出可能有以下几类情况：

- 丢弃报文，此报文将不会得到进一步处理，只是简单地丢弃；
- 绕过安全服务，在这类情况下，此报文将不应用 IPSec 策略，只进行传统的 IP 转发处理流程；
- 应用安全服务，在这类情况下，此报文将根据已建立的 SA，对报文应用 IPSec 策略后进行转发，对于尚未建立 SA 情况，将调用 IKE，以便完成 SA 建立。

入站流量：入站流量处理与出站流量有所区别，其将根据报文是否含有 IPSec 头对此报文进行以下动作处理：

- 丢弃报文，若报文不含 IPSec 头，且检索选择字段和 SPDB 数据库后，其策略输出为丢弃，那么数据报文就会被丢弃，若策略输出为应用，但 SA 未建立，数据报文同样也会被丢弃；
- 绕过安全服务，若报文不含 IPSec 头，且检索选择符字段和 SPDB 数据库后，其策略输出为绕过，那么数据报文将只进行传统的 IP 转发处理流程；
- 应用安全服务，若报文含 IPSec 头，且已建立 SA，那么数据报文将会被递交给 IPSec 层进行处理。

2. IPSec_VPN 配置

组网需求：PC1 与 PC2 之间进行安全通信，在 FW A 与 FW B 之间使用 IKE 自动协商建立安全通道。在 FW A 和 FW B 上均配置序列号为 10 的 IKE 提议，为使用 pre-shared key 验证方法的提议配置验证字，FW A 与 FW B 均为固定公网地址（见图 4-70）。

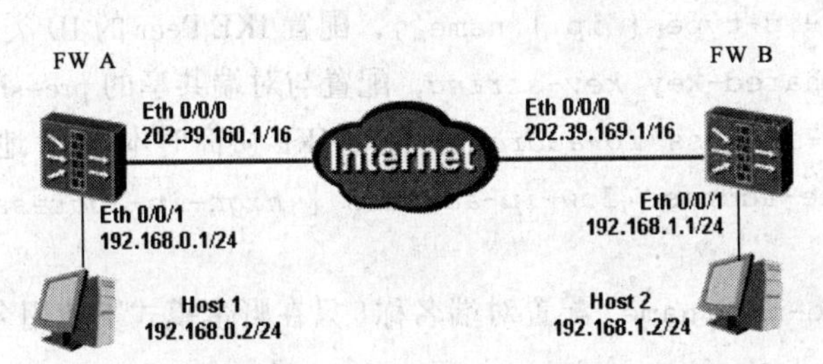

图 4-70　IPSec_VPN 配置

配置过程（见图 4-71）如下：

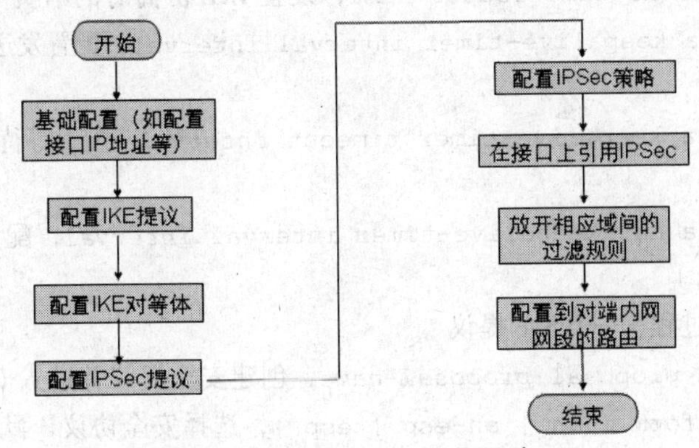

图 4-71　IPSec VPN 配置思路

（1）IPSec 配置过程——IKE 提议

执行命令 `ike proposal` *proposal-number*，创建并进入 IKE 安全提议视图。

执行命令 authentication-method pre-share，设置验证方法。

执行命令 encryption-algorithm { des-cbc | 3des-cbc }，选择加密算法。默认情况下使用 CBC 模式的 56 bits DES 加密算法。

• 如果选择了pre-shared key验证方法，需要为每个对端配置预共享密钥。建立安全连接的两个对端的预共享密钥必须一致。

执行命令 authentication-algorithm { md5 | sha }，选择验证算法。默认使用 SHA1 验证算法。

执行命令 dh { group1 | group2 | group5}，选择 Diffie-Hellman 组标识。默认为 group1，即 768-bit 的 Diffie-Hellman 组。

执行命令 sa duration *interval*，设置安全联盟生存周期。

（2）IPSec 配置过程——IKE 对等体

执行命令 ike peer *peer-name*，创建 IKE Peer 并进入 IKE Peer 视图。

执行命令 exchange-mode { main | aggressive }，配置协商模式。

• 在野蛮模式下可以配置对端IP地址与对端名称，主模式下只能配置对端IP地址。默认情况下，IKE协商采用主模式。

执行命令 ike-proposal *proposal-number*，配置 IKE 安全提议。

执行命令 local-id-type { ip | name }，配置 IKE Peer 的 ID 类型（可选）。

执行命令 pre-shared-key *key-string*，配置与对端共享的 pre-shared key。

执行命令 local-address *ip-address*，配置 IKE 协商时本端 IP 地址。

执行命令 remote-address *low-ip-address* [*high-ip-address*]，配置对端的 IP 地址。

执行命令 remote-name name，配置对端名称（只在野蛮模式下使用名字认证时才使用）。

执行命令 ipsec sa global-duration { time-based *interval* | traffic-based *kilobytes*}，设置全局的安全联盟生存周期（可选）。

执行命令 ike local-name *router-name*，设置 IKE 协商时的本机 ID（可选）。

执行命令 ike sa keepalive-timer interval interval，配置发送 Keepalive 报文的时间间隔（可选）。

执行命令 ike sa keepalive-timer timeout *interval*，配置等待 Keepalive 报文的超时时间（可选）。

执行命令 ike sa nat-keepalive-timer interval *interval*，配置发送 NAT 更新报文的时间间隔（可选）。

（3）IPSec 配置过程——IPSec 提议

执行命令 ipsec proposal *proposal-name*，创建安全提议并进入安全提议视图。

执行命令 transform { ah | ah-esp | esp }，选择安全协议。默认情况使用 esp。

执行命令 encapsulation-mode tunnel，选择报文封装形式。

执行命令 ah authentication-algorithm { md5 | sha1 }，设置 AH 协议采用的验证算法。默认情况下，在 IPSec 安全提议中 AH 协议采用 MD5 验证算法。

执行命令 esp authentication-algorithm { md5 | sha1 }，设置 ESP 协议采用的验证算法。默认情况下使用 md5，即 MD5 验证算法。

执行命令 esp encryption-algorithm { 3des | des | aes | scb2}，设置 ESP 协议采用的加密算法。默认情况使用 DES 加密算法。

（4）IPSec 配置过程——IPSec 安全策略及应用

创建 ACL，定义受保护的数据流

ipsec policy *policy-name seq-number* isakmp，创建安全策略。

执行命令 proposal *proposal-name&<1-6>*，在安全策略模板中引用安全提议。

执行命令 sa duration { traffic-based *kilobytes* | time-based *interval* }，配置 SA 的生存周期（可选）。

执行命令 ike-peer *peer-name*，引用 IKE Peer。

执行命令 security acl *acl-number*，设置安全策略引用的访问控制列表。

执行命令 interface *interface-type interface-number*，进入接口视图。此处应该选择网络出接口。

执行命令 ipsec policy *policy-name*，引用安全策略。

（5）IPSec 结果验证与维护命令

PC1 与 PC2 之间可以相互访问。

防火墙上可以查看到两条双向 IPSec SA，如图 4-72 所示。

```
<FWA>display ipsec sa brief
```

可以查看到 IKE peer 和 IKE sa 的信息，如图 4-73 所示。

```
<USG B> dis ike sa
```

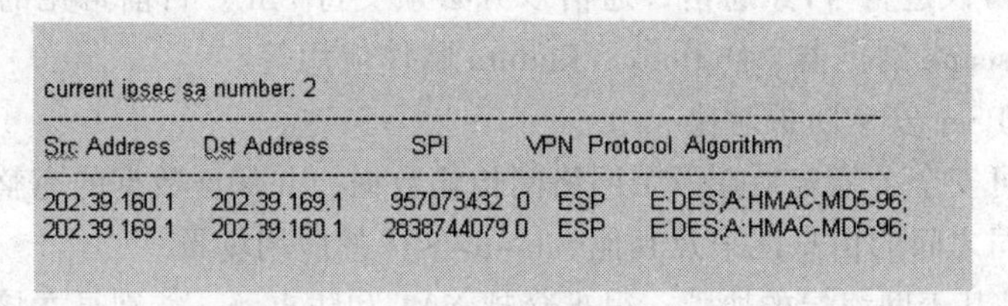

current ipsec sa number: 2

Src Address	Dst Address	SPI	VPN	Protocol	Algorithm
202.39.160.1	202.39.169.1	957073432	0	ESP	E:DES;A:HMAC-MD5-96;
202.39.169.1	202.39.160.1	2838744079	0	ESP	E:DES;A:HMAC-MD5-96;

图 4-72　IPSec 结果验证与维护命令 1

connection-id	peer	flag	phase	doi
2	202.39.160.1	RD|ST	1	IPSec
4	202.39.160.1	RD|ST	2	IPSec

图 4-73　IPSec 结果验证与维护命令 2

4.3.5　SSL_VPN

1．SSL_VPN 技术

（1）SSL 概述

SSL 是一个安全协议，为基于 TCP（Transmission Control Protocol）的应用层协议提供安全连接，SSL 介于 TCP/IP 协议栈第四层和第七层之间（见图 4-74）。SSL 可以为 HTTP（Hypertext Transfer Protocol）协议提供安全连接。SSL 协议广泛应用于电子商务、网上银行等领域，为网络上数据的传输提供安全性保证。

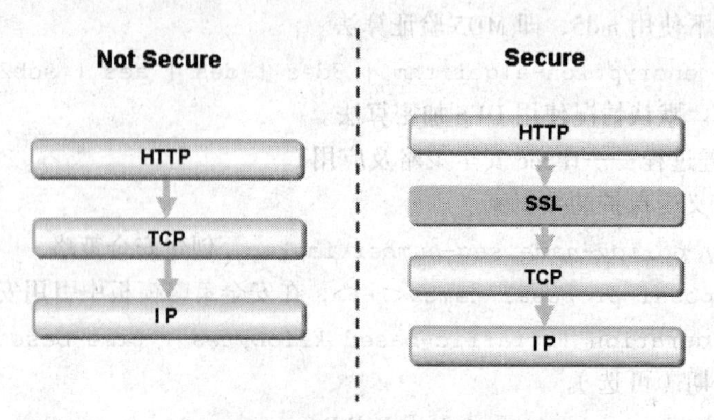

图 4-74　SSL 在 TCP/IP 协议栈中的位置

安全套接层(SSL)是一种在两台机器之间提供安全通道的协议。它具有保护传输数据以及识别通信机器的功能。

到目前为止，SSL 协议有 3 个版本，其中 SSL 2.0 和 SSL 3.0 得到了广泛的应用，IETF 基于 SSL 3.0 推出了 TLS 1.0 协议（也被称为 SSL 3.1）。

随着 SSL 协议的不断完善，包括微软 IE 在内的愈来愈多的浏览器支持 SSL，SSL 协议成为应用最广泛的安全协议之一。

SSL_VPN 帮助用户使用标准的浏览器就可以访问企业的内部应用。这使得移动办公人员只要有一台接入了 Internet 的计算机，就可以随时随地进行安全的远程访问了。SSL_VPN 的安全性、便捷性和易用性为企业的移动办公带来了便利，使移动员工的工作效率最大化。

要使用 SSL 协议进行 VPN 通信，通信双方必须支持 SSL。目前常见的应用一般都支持 SSL，如 IE、Netscape 浏览器、Outlook、Eudora 邮件应用等。

（2）SSL 与 IPSec 安全防护对比

IPSec_VPN 可安全、稳定地在两个网络间传输数据，并保证数据的完整无缺，适用于处理总公司与分公司之间的信息往来及其他 Site-to-Site 的应用场景。

由于 IPSec 是基于网络层的协议，很难穿越 NAT 和防火墙，特别是在接入一些防护措施较为严格的个人网络和公共计算机时，往往会导致访问受阻。移动用户使用 IPSec_VPN 需要安装专用的客户端软件，为日益增长的用户群发放、安装、配置、维护客户端软件已经使管理员不堪重负。因此，IPSec_VPN 在 Point-to-Site 远程移动通信方面并不适用。

SSL_VPN 是以 SSL/TLS 协议为基础，利用标准浏览器都内置支持 SSL/TLS 的现实优势，对其应用功能进行扩展的新型 VPN。除了 Web 访问、TCP/UDP 应用之外，SSL_VPN 还能够对 IP 通信进行保护。SSL_VPN 通信基于标准 TCP/UDP，不受 NAT 限制，能够穿越防火墙，使用户在任何地方都能够通过 SSL_VPN 虚拟网关代理访问内网资源，使得远程安全接入更加灵活简单，大大降低了企业部署维护 VPN 的费用。

SSL_VPN 是面向应用的 VPN，具有更好的底层无关性。它的易用性、无客户端应用很好地满足了远程访问的需要，保证移动用户可随时随地建立安全可控的通信连接。

SSL 与 IPSec 安全协议一样，提供加密和身份验证。但是，SSL 协议只对通信双方传输的应用数据进行加密，而不是对从一个主机到另一主机的所有数据进行加密，不受下层变化影响，如图 4-75 所示。

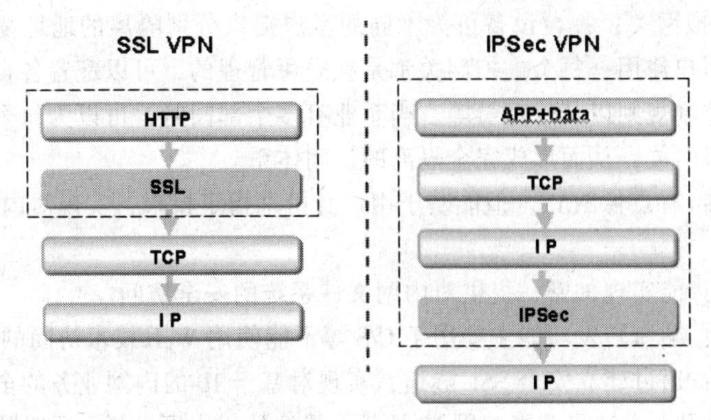

图 4-75　SSL 与 IPSec 安全防护对比

（3）SSL_VPN 安全技术

SSL 协议从以下方面确保了数据通信的安全：

① 主体的身份可以通过公钥加密算法来验证；

② 连接是保密的，在握手协议协商密钥后，用对称密钥加密数据；

③ 连接是可靠的，使用了安全的散列算法，用带密钥的消息认证码来验证消息的完整性。

（4）SSL 协议结构

SSL 协议结构可以分为两层：底层为 SSL 记录协议（SSL record protocol），主要负责对层上的数据进行分块、压缩、计算并添加 MAC、加密，最后把记录块传输给对方。上层为 SSL 握手协议（SSL handshake protocol）、SSL 密码变化协议（SSL change cipher spec protocol）和 SSL 警告协议（SSL alert protocol）（见图 4-76）。

应用层协议		
SSL握手协议	SSL密码变化协议	SSL警告协议
SSL记录协议		
TCP		
IP		

图 4-76　SSL 协议结构

① SSL 握手协议：客户端和服务器通过握手协议建立一个会话。会话包含一组参数，主要有会话 ID、对方的证书、加密算法列表（包括密钥交换算法、数据加密算法和 MAC 算法）、压缩算法以及主密钥。SSL 会话可以被多个连接共享，以减少会话协商开销。

② SSL 密码变化协议：客户端和服务器端通过密码变化协议通知接收方，随后的报文都将使用新协商的加密算法列表和密钥进行保护和传输。

③ SSL 警告协议：用来允许一方向另一方报告告警信息，消息中包含告警的严重级别和描述。

(5) SSL_VPN 功能技术介绍

① 领先的虚拟网关：一台设备可为不同的客户提供分别隔离的地址复用控制，划分逻辑区域，给不同用户使用，每个虚拟网关都是独立可管理的，可以配置各自的资源、用户、认证方式、访问控制规则以及管理员等。当企业有多个部门时，可以为每个部门或者用户群体分配不同的虚拟网关，从而形成完全隔离的访问体系。

② Web 代理：有点像 NAT，但能基于用户身份来指定权限，实现对内网 Web 资源的安全访问。

③ 文件共享：能实现加密，提供对内网文件系统的安全访问。

④ 端口代理：端口转发功能主要用于 C/S 等不能使用 Web 技术访问的应用。

⑤ 网络扩展：通过建立安全 SSL 隧道，实现对基于 IP 的内网业务的全面访问。使用网络扩展功能后，远程客户端将获得内网 IP 地址，就像处于内网一样，可以随意访问任意内网资源。同时对其他正常操作不影响，可以访问 Internet 和本地子网。

⑥ 用户安全控制。

⑦ 完善的日志功能。

2. SSL_VPN 配置

SSL 配置以 SVN 为例。

配置步骤：

配置接口 IP 地址。

绑定 Web 网关和 IP 地址，并绑定使用的端口。

运行网络浏览器程序，在地址栏键入 SVN Web 网关的 IP 地址，格式为“https://x.x.x.x:port”，按【Enter】键进入 Web 网关登录页面。

在 Web 网关登录页面中输入用户名和密码，登录 SVN。

登录到 SVN 的 Web 管理页面后，选择“虚拟网关管理”命令，在打开的界面中添加一个虚拟网关（见图 4-77）。

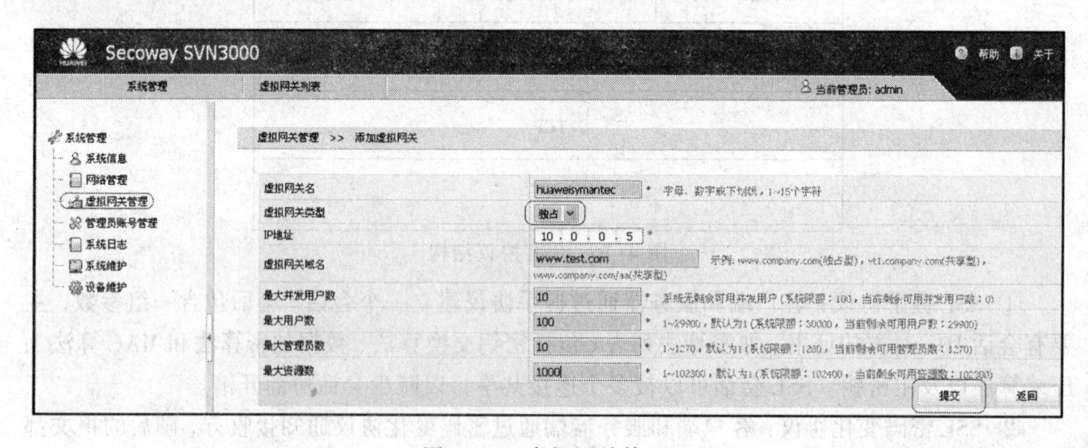

图 4-77　虚拟网关管理

在“虚拟网关列表”导航树上选择“端口转发”命令（见图 4-78），添加一个新的端口资源，提交后进入如图 4-79 所示的配置页面。

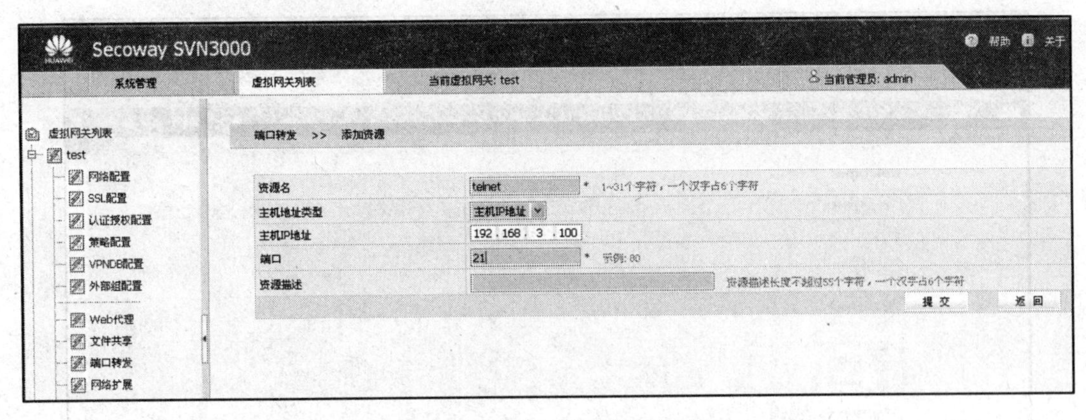

图 4-78　添加端口转发资源

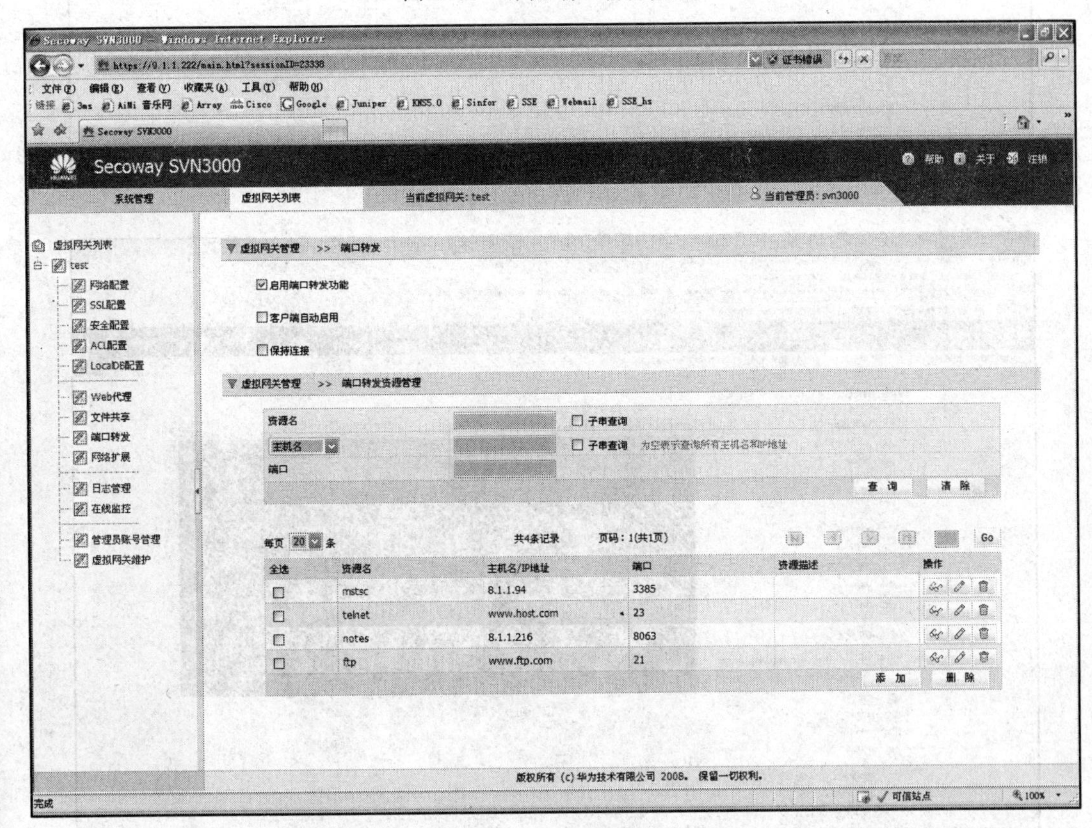

图 4-79　配置端口转发

单击端口转发“启动”按钮，启用端口转发服务（见图 4-80）。

可采用端口转发对配置的资源进行访问（见图 4-81）。

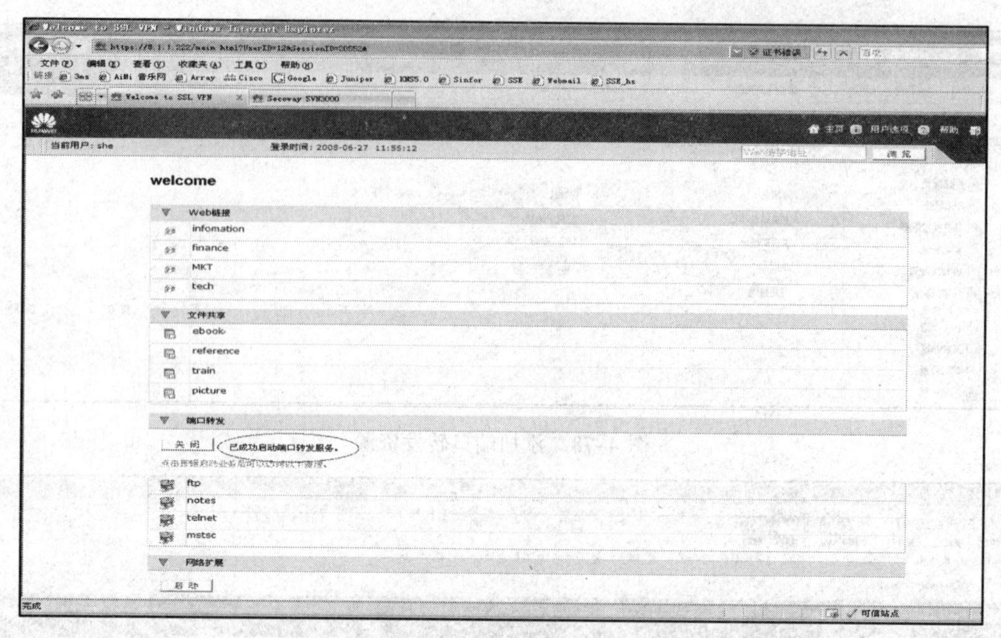

图 4-80　启动端口转发

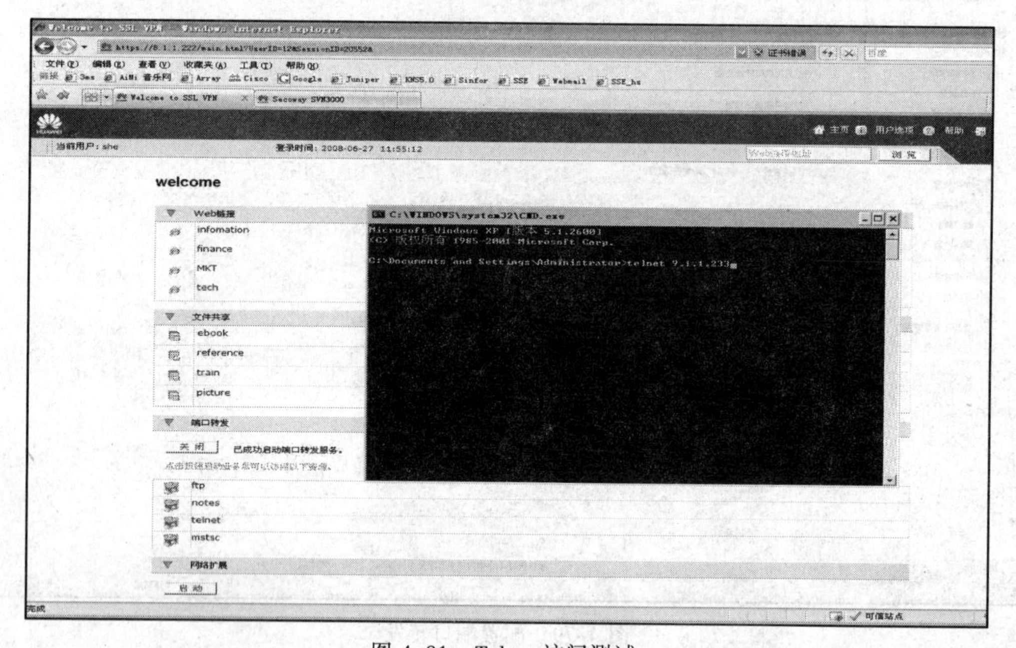

图 4-81　Telnet 访问测试

习题

1. 隧道技术在 VPN 技术中主要作用有哪些？
2. 为什么说 L2TP 是二层 VPN，而 GRE 和 IPSEC 是三层 VPN?
3. 非对称算法中使用私钥加密或使用公钥加密分别适用于什么样的场景？
4. L2TP_VPN 配置。

某公司建有自己的 VPN 网络，在公司总部的公网出口处，放置了一台 VPN 网关，即 USG

防火墙。要求公司分支机构人员能够通过 L2TP 隧道与公司内部其他用户进行通信，并且移动办公人员也可以通过 L2TP 隧道访问公司内部。

组网设备：主机、一台 USG 作为 LAC、一台 USG 作为 LNS、VPN Client。Internet 可以采用路由器或者防火墙模拟。拓扑图如图 4-82 所示。

要求通过设备 Web 界面进行配置，实现：

（1）分支机构拨号用户可以拨号成功并获取 IP 地址，能访问企业内网。

（2）移动办公用户可以拨号成功并获取 IP 地址，能访问企业内网。

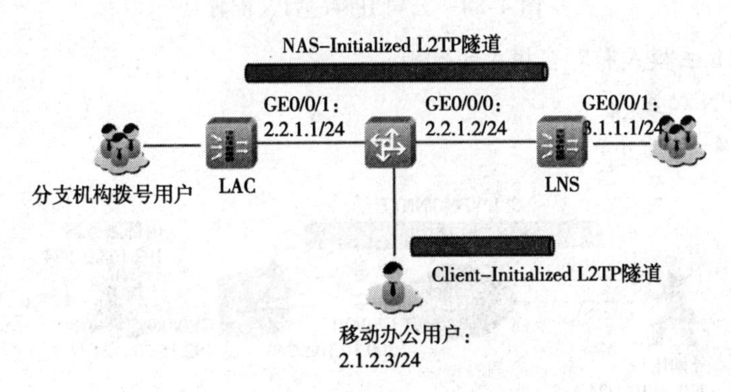

图 4-82　公司 L2TP_VPN 配置

5. Client-Initialized 方式 L2TP 在什么情况下需禁用 L2TP 隧道认证？

6. LAC 采用哪两个触发条件启动 L2TP 隧道连接的建立，之间有何区别？

7. GRE_VPN 配置。

运行 IP 协议的两个子网网络 1 和网络 2，通过在防火墙 USG A 和防火墙 USG B 之间使用三层隧道协议 GRE 实现互联。拓扑图如图 4-83 所示。通过 Web 界面进行配置，实现网络 A 内的 PC 可以 PING 通网络 B 内的 PC。

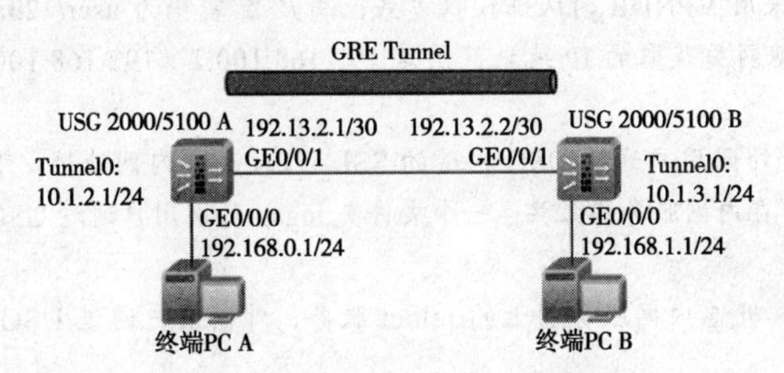

图 4-83　公司 GRE_VPN 配置

8. GRE 中源地址（Source ip）和目的地址（Destination ip)在实际应用场景中各代表哪些接口？

9. GRE 源端是通过什么机制触发 Tunnel 的建立？

10. IPSEC_VPN 配置。

拓扑图如图 4-84 所示，通过 Web 界面的配置，实现终端 PC A 与终端 PC B 之间进行安全通信。在 USG A 与 USG B 之间使用 IKE 自动协商建立安全通道，IKE 验证方式为预共享密钥。

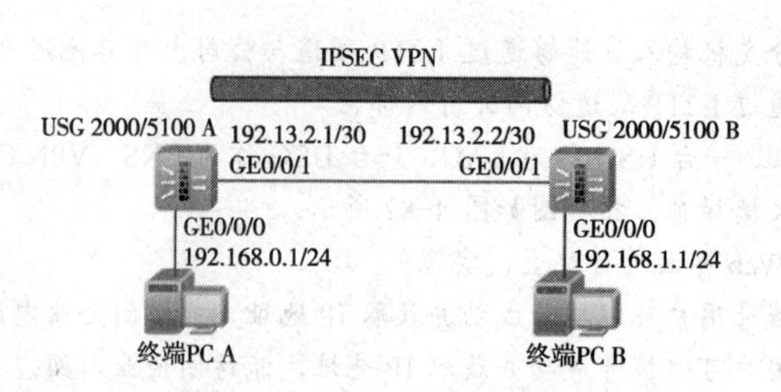

图 4-84　公司 IPSec_VPN 配置

11. 总结 IKE 主模式和野蛮模式的区别。

12. SSL_VPN 配置。

拓扑图如图 4-85 所示。

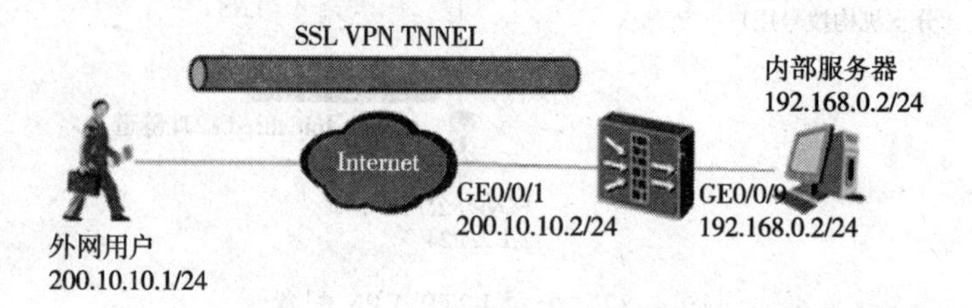

图 4-85　公司 SSL_VPN 配置

进行如下配置：

（1）在 USG 创建一个名为 test 的虚拟网关，外部用户可通过此虚拟网关访问企业内网资源。虚拟网关的 IP 地址为 202.10.10.2/24。

（2）企业内网资源所在的网段为 192.168.0.0/24。

（3）企业内网的 DNS 地址为 192.168.0.100/24，域名为 internal.com。

（4）虚拟网关采用 VPNDB 的认证授权方式。用户名/密码为 user/123abcABC。

（5）用户从虚拟网关获取的 IP 地址范围是 192.168.100.1 ~ 192.168.100.100，子网掩码为 255.255.255.0。

（6）网络扩展：外网用户通过 USG 构造的 SSL_VPN 获得内网地址，可与内网设备通信。

（7）文件共享：在内网服务器上共享一个文件夹 logs，外网用户通过 USG 构造的 SSL_VPN 进行访问。

（8）端口转发：开启内网服务器上的 telnet 服务，外网用户通过 USG 构造的 SSL_VPN 进行访问。

（9）WEB 代理：内网服务器 192.168.0.2 上提供 WWW 服务，外网用户可以通过 http://192.168.0.2 来访问。

13. 总结 SSL_VPN 相对于传统 VPN 的优点。

单元 5 安全网络结构构建

公司管理员平时工作认真，工作过程中非常细致地检查企业的网络环境，但是某天，公司网络被黑，为了进一步加强企业网的网络安全，公司请 ABC 网络科技公司的工程师帮助查找企业网的安全隐患，以便在现有基础上设计、构建一个安全的网络结构。

从管理员描述的情形看，应该是黑客成功突破了防火墙设置，破译了管理员进入服务器的安全设置，估计在防火墙规则设置上和密码系统上存在一定的问题。

ABC 网络科技公司的工程师对此非常重视，详细检查了事发现场，查阅了系统日志，企业网被攻击的服务器是一台 Windows Server 2008 服务器，而攻击居然是由企业网内的一台计算机上的蠕虫程序自动发出的！进一步检查发现，该计算机处在防火墙设置规则的白名单中，原来管理员为了便于管理服务器，在防火墙的白名单规则中增加了该计算机，以便临时紧急处置一些事情，而该计算机的使用者的安全意识比较薄弱，没有严格执行网络安全管理策略，从而导致了蠕虫程序发作。

对被感染的服务器进行全面重建、重新安装补丁程序、重设防火墙规则，完成了该服务器的所有处理工作之后，工程师向管理员仔细询问了企业的网络架构，探讨了以往出现的各种问题，并与一些员工进行了座谈。工程师给出的结论是，网络安全最重要的纠正措施并不是单纯某一具体的设备、技术问题，而是适当的设备、正确的使用步骤和严格的管理制度。

工程师简要绘出草图后，为企业设计安全的企业网网络结构，但是该企业需要设计全局安全解决方案，重设访问控制和信息加密策略，制订全面的网络安全管理策略并严格执行。计算机使用者要严格遵守企业关于日志记录、监视和入侵检测方面的规定，必须保证任何机器启动之前都安装了最新的补丁程序，核心设备一定要设置入侵报警，要定期检查所有机器的日志记录和系统更新状况，不能只是检查是否安装了杀毒软件和防火墙、是否设置了密码，检查一定要全面。

学习目标

- 能依据实际情况设计安全的网络系统。
- 能制订网络安全策略。
- 能实施安全解决方案。

5.1 构建安全的网络结构

1. 安全网络结构规划

一个良好的安全网络结构规划能够保障网络安全系统的正常实施和可靠运行，不仅能够

维系网络的功能完善性、运维可靠性和安全性，还能够扩大网络的应用范围，保证其扩充能力和升级能力，更好地保护用户的投资。

该企业网的安全网络结构规划可以从以下几个方面入手：

（1）安全网络结构定义

结构定义是安全网络系统设计的开始，一般情况下最好与计算机信息系统、企业网系统同步开始实施比较好，但目前往往是滞后发展的，在这种情况下，更需要事先做好定义，以避免项目实施、验收过程中出现的纠纷。

首先，要定义好系统界限，这是安全网络的责任区，划定了网络安全系统的范围；便于进行系统需求分析，可以在界定的范围内来查找问题、分析问题和解决问题。从该企业网的现状来看，由于网络建设已经完成，因此系统界限可以定义为考察企业网内主干设备（不包含基础线路和环境安全）和办公系统。

其次，要定义系统边缘，也就是企业网与因特网的接口，可以确定防火墙、路由器、核心交换机等网络核心设备的类型和功能，也可以确定远程网络访问的模式，从该企业的实际情况出发，可以确定利用原有路由器、核心 3 层交换机和接入方式，主要考虑 Internet 出口以下的企业网安全问题。

再次，要定义系统管理人员，主要是负责网络安全防护的相关人员的职责和范围，该企业的安全防护工作遍布在企业各个部门，因此，要在网络管理员的统一安排下，把人员有效地调动起来，通过必要的措施和原则，保证安全计划和策略的有效实施。

最后，要定义系统的指导思想，便于工作的逐步开展，尤其要定位好投资计划和设计思路的关系，很多的安全网络结构设计方案推倒重来都是由于没有很好地把握这一关系。从该企业的实际情况和投资目标来看，主要是要在现有网络的基础上增加安全设备，设计安全策略，因此必须在这一指导思想下开始进行设计。

安全网络结构定义的实现主要是通过甲乙双方的会谈确定的，参加人员要包括甲乙双方的主要决策者、网络管理员、项目经理及有关技术人员；会议结果体现在《会议纪要》中，应有双方主要负责人的签名，以备日后查用；会议结论最终体现在项目组的《可行性研究报告》和《安全网络结构设计书》中。

（2）用户需求调查

用户需求调查的目的是从实际出发，通过对用户现场进行实地调研，对用户要求进行具体了解，收集第一手资料，以增加 ABC 公司设计人员和企业管理人员对项目的整体认识，为系统设计打下基础。

用户需求调查的主要方法包括现场考察、用户座谈、问卷调查、历史日志及技术文档查阅等，针对该企业的具体情况，可以从以下几个方面着手：

① 查阅技术资料。由于企业网已经运行了一段时间，能够满足员工的需求，因此，基础设施的更改在目前来看是没有必要的，企业也没有相应的资金支持。那么，查阅前期的技术文档以弄清网络基础设计就是十分必要的，在此基础之上，技术人员才能够有针对性地分析问题，提出解决问题的方案。

② 企业网现场考察。技术人员的具体设计必须依据于企业实际的状况，对企业总体环境、基础网络设施走向、地上及地下建筑物布局、二层网络设备安置状况、核心设备尤其是网络主干设备的布局以及配电室、变电站、通信塔等可能对网络安全有影响的特殊建筑有比

较清楚的了解，这样才能因地制宜，设计出布局合理、施工便易、运维方便的安全网络系统。

③ 网络用户调查。要想摸清网络应用的真实情况，就必须与网络用户进行面对面的直接交流，了解用户使用的计算机及网络资源的实际情况，未来的网络应用与服务需求是什么，存在的安全问题是什么，可能存在的安全隐患在哪里。用户不是计算机专业技术人员，对网络安全往往更是不清楚，这就需要对用户的需求进行深入细致地调查，弄清楚用户的计算机系统状况、网络应用类型、安全性需求、多媒体数据需求、数据可靠性需求以及数据量的大小、重要程度等情况，并由此估算网络负载，确定不安全因素，测算安全系统需求量的大小及投资预算等，进而据此设计符合用户需求的安全网络。

以上几个方面可以依序进行，也可以结合进行，最终的调查结果体现在公司项目组制订的《可行性研究报告》中。

（3）用户需求分析

在用户需求调查的基础上，对采集到的各种信息进行汇总归纳，剥茧抽丝，从网络安全的角度展开分析，归纳出可能会对网络安全产生重大影响的一些因素，还要从用户的潜在需求中分析出未来可能出现的安全隐患，进而使项目组的设计人员清楚这些问题的解决分别需要采用何种技术、何种设备，需要制订何种安全策略。

网络安全性需求分析一般可以从以下几个角度来考虑：

① 网络系统安全。

② 网络边界安全。

③ 网络攻击行为。

④ 信息安全。

⑤ 特殊区域安全。

⑥ 用户安全。

除此之外，企业网还有自己独特的背景，一般的网络安全系统主要是“防外”，即主要防止来自于外部网络，尤其是来自于 Internet 的攻击；而企业网不仅要“防外”，还要“防内”，即防止来自于企业网内部的攻击。在企业内，有不少的员工是网络爱好者，在好奇心的驱使下，很有可能会从 Internet 上下载黑客工具，对 Internet 或者是对企业网内部服务器进行攻击，尤其是对企业内部某些可能存放着重要资料的服务器，可能会不顾后果地对企业内部服务器进行攻击，使企业的内部资料遭受到不必要的损失。

此外，在调查中还发现，企业网的管理还面临一些其他问题，比如：用户可以随意接入网络，出现安全问题后无法追查到用户身份；网络病毒泛滥，网络攻击呈上升趋势，网络安全事件从发现到控制的全过程基本采取手工方式，难以及时控制与防范；对于未知的安全事件和网络病毒无法控制；用户普遍安全意识不足，企业方单方面的安全控制管理难度较大；现有安全设备工作分散，无法协同管理、协同工作，只能形成单点防御，而各种安全设备管理复杂，对于网络的整体安全性提升有限；无法对用户的网络行为进行记录，事后审计困难。

2. 可行性研究

可行性研究的主要目的是确定网络安全系统用户的实现目标和总体要求，依据用户需求调查分析确定项目规划和总体实施方案，着重体现在现有条件和技术环境下能否实现系统目标和要求。

可行性研究报告的内容主要包括以下几个方面：

① 系统现状分析。

② 用户目标和系统目标一致性分析。

③ 项目技术分析。

④ 经济和社会效益分析。

⑤ 可行性研究结论。

经过以上各方面分析，确定用户目标、系统目标及系统总体要求，依据现有的设备和技术条件，确定网络安全系统是否能够达到用户要求的目标。

完整的可行性研究报告要求文本格式规范，用词准确一致，内容简明扼要，问题叙述全面，这是项目的重要技术文档，也是项目验收的主要依据之一。

3. 安全网络结构设计

安全网络结构设计是根据用户需求，充分考虑到用户的实际需要进行需求分析，对网络安全系统进行的详细设计。主要包括网络拓扑结构的更改与否、系统开发方法或系统改造方案、主要设备选型、应用软件集成以及规则设置、设备配置、策略制订等方面的内容，是一项技术性较高、针对性较强的工作，要求项目组设计人员通盘考虑先进可靠、适度超前、注重实用的系统设计原则，并兼顾具体的实现技术问题，从应用出发，设计出性价比最高的方案。

企业网络安全系统设计目标：

企业网安全系统设计的最终目标是建立一个覆盖整个企业的互联、统一、高效、实用、安全的企业网络，能够提供广泛的计算机软件、硬件和信息等资源的共享，性能稳定，可靠性好；软、硬件结合良好，满足远程控制和权限访问的需求；具有可靠的防病毒、防攻击能力，能够进行日志追溯和快速地灾难恢复；有良好的兼容性和可扩展性，满足未来的应用需求和技术发展。

企业网络安全系统设计原则：

实用性，安全系统的设计要从企业网实际需要出发，坚持为领导决策服务，为员工工作服务，为科学管理服务；

先进性，采用成熟的先进技术，兼顾未来的发展趋势，为今后的发展留有余地，要量力而行、适度超前；

可靠性，确保企业网的正常、可靠运行，网络的关键部分要具有容错能力，系统要有灾难备份和恢复系统；

安全性，软、硬件良好结合，技术策略与人员培训结合，病毒防、杀结合，重在预防；

可扩充性，安全系统便于扩展，有效保护投资；

可管理性，通过智能设备和智能网管软件实现网络动态配置和监控，自动优化网络。

安全网络结构在具体设计时，如果考虑的安全更加广泛、更加具体，可以参考美国著名信息系统安全顾问 C · 沃德提出的著名的 23 条设计原则：

① 成本效率原则；

② 简易性原则；

③ 超越控制原则，一旦控制失灵（紧急情况下）时要采取预定的步骤；

④ 公开设计与操作原则，保密并不是一种强有力的安全方式，过分信赖可能导致控制失灵；控制的公开设计和操作反而可以使信息保护得到增强；

⑤ 最小特权原则，只限于需要才给予这部分的特权，但应限定其他系统特权；

⑥ 设置陷阱原则，在访问控制中设置一种容易进入的“孔穴”，以引诱某人进行非法访问，然后将其抓获；

⑦ 控制与对象的独立性原则，控制、设计、执行和操作不应该是同一个人；

⑧ 常规应用原则，对于环境控制这一类问题不能忽视；

⑨ 控制对象的接受能力原则，如果各种控制手段不为用户或受这种控制所影响的其他人所接受，则控制无法实现；

⑩ 承受能力原则，应该把各种控制设计成可容纳大多数的威胁，同时也能容纳那些很少遇到的威胁；

⑪ 检查能力原则，要求各种控制手段产生充分的证据，以显示所完成的操作是正确无误的；

⑫ 记账能力原则，登录系统之人的所作所为一定要让他自己负责，系统应予以详细登记；

⑬ 防御层次原则，建立多重控制的强有力系统，如同时进行加密、访问控制和审计跟踪等；

⑭ 分离和分区化原则，把受保护的东西分割成几个部分一一加以保护，增加其安全性，网络安全防范的重点主要有两个方面，计算机病毒和黑客犯罪；

⑮ 最小通用机制原则，采用环状结构的控制方式最保险；

⑯ 外围控制原则，重视篱笆和围墙的安全作用；

⑰ 完整性和一致性原则，控制设计要规范化，成为“可论证的安全系统”；

⑱ 出错拒绝原则，当控制出错时必须完全地关闭系统，以防受到攻击；

⑲ 参数化原则，控制能随着环境的改变而改变；

⑳ 敌对环境原则，可以抵御最坏的用户企图，容忍最差的用户能力及其他可怕的用户错误；

㉑ 人为干预原则，在每个危急关头或作重大决策时，为慎重起见，必须有人为干预；

㉒ 安全印象原则，在公众面前保持一种安全的形象；

㉓ 隐蔽原则，对员工和受控对象隐蔽控制手段或操作详情。

以上各种原则对安全系统的设计具有一定的指导和参考价值，而且将会随着网络安全技术的发展进一步完善，如何考查和理解这些原则并运用于系统的设计，还需系统开发者为信息系统安全作出许多的构思。

企业网络安全系统设计方案：

企业网络安全系统在于建立统一的安全管理平台，使用先进的网络安全技术和管理手段，制订合理的、可调整的、符合企业网信息及应用需求的安全策略，实时、动态保护企业网，并适时监控网络安全状态，对异常的安全事件能够进行追踪、分析、统计，对部署的安全设备、设施能够进行统一的管理、配置以及配置文件的统一备份和恢复，实现安全日志管理与统计分析，有效保障企业网的安全。

网络拓扑结构图如图 5-1 所示，改变了防火墙的拓扑连接，从结构上保障了网络的安全。并将原企业网直接划分为 4 个虚拟局域网 VLAN：科研中心子网、人事部子网、财务子网、销售子网，分别控制提供不同的功能和安全策略。增加了火难备份和恢复系统，以便保证安全事件后的快速响应。

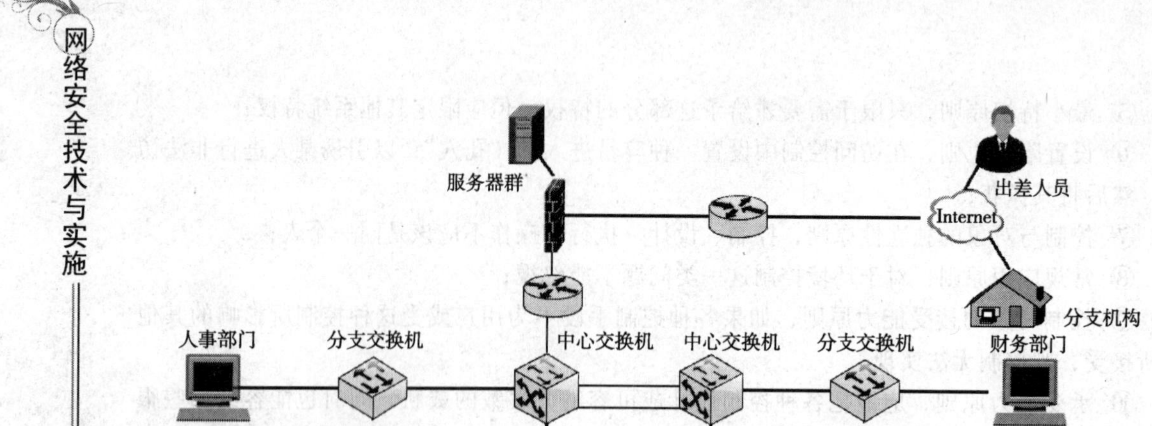

图 5-1　改造后的公司网络拓扑结构图

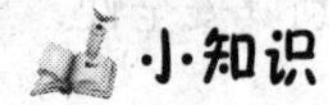

小知识

网络安全系统主要依靠防火墙、网络防病毒系统等技术在网络层构筑一道安全屏障，并通过把不同的产品集成在同一个安全管理平台上，实现网络层的统一、集中的安全管理。

选择网络层安全平台时主要考虑这个安全平台能否与其他相关的网络安全产品集成，能否对这些安全产品进行统一的管理，包括配置各相关安全产品的安全策略、维护相关安全产品的系统配置、检查并调整相关安全产品的系统状态等。

一个完善的网络安全平台至少需要部署以下产品：

防火墙：网络的安全核心，提供边界安全防护和访问权限控制；

网络防病毒系统：杜绝病毒传播，提供全网同步的病毒更新和策略设置，提供全网杀毒。

习题

1. 网络安全性需求分析一般从哪几个角度来考虑？
2. 可行性研究报告的内容主要包括哪些方面？

5.2　安全方案实施

1. 安全网络拓扑结构划分

防火墙主要是防范不同网段之间的攻击和非法访问。由于攻击的对象主要是各类计算机，所以要科学地划分计算机的类别来细化安全设计。在整个内网当中，根据用途可以将计算机划分为 3 类：内部使用的工作站与终端、对外提供服务的应用服务器以及重要数据服务器。这 3 类计算机的作用不同，重要程度不同，安全需求也不同。

① 重点保护各种应用服务器，特别是要保证数据库服务的代理服务器的绝对安全，不能允许用户直接访问。对应用服务器，则要保证用户的访问是受到控制的，要能够限制能够访问该服务器的用户范围，使其只能通过指定的方式进行访问。

② 数据服务器的安全性要大于对外提供多种服务的 WWW 服务器、E-mail 服务器等应用服务器。所以数据服务器在防火墙定义的规则上要严于其他服务器。

③ 内部网络有可能会对各种服务器和应用系统直接进行网络攻击，所以内部办公网络也需要和代理服务器、对外服务器（WWW、E-mail）等隔离开。

④ 不能允许外网用户直接访问内部网络。

上述安全需求，需要通过划分出安全的网络拓扑结构，并通过 VLAN 划分、安全路由器配置和防火墙网关的配置来控制不同网段之间的访问控制。划分网络拓扑结构时，一方面要保证网络的安全，另一方面不能对原有网络结构做太大的更改，为此建议采用以防火墙为核心的支持非军事化区的 3 网段安全网络拓扑结构。

根据这种应用模式，使用非军事化区结构的网络拓扑是一种很自然的提高安全性的措施，在防火墙上安装 3 块网卡，分别连接 3 个不同网段：外网、内网和 DMZ。

2. 网段安全网络拓扑结构

内网用户可以被授权访问外网和 DMZ 中的服务器。

外网用户只能够访问到 DMZ 中的相关服务器，不能访问内网。

DMZ 还放置各种应用服务器，应用模式中，对应的是各种 Web 服务器。这些服务器允许有控制地被各种用户访问，也能主动访问 Internet。建议不允许 DMZ 服务器主动访问内网主机。

在内网某台服务器上安装网络版防病毒软件的系统中心，定制全网杀毒策略并监控网络病毒情况。

通过网络版防病毒软件的漏洞检测功能可以及时发现内网机器存在的漏洞，及时查堵，防患未然。

3. 网络安全结构的层次

（1）物理安全

物理安全是指在物理介质层次上对存储和传输的网络信息实施的安全保护，也就是保护计算机网络设备、设施及其他媒体免遭地震、水灾、火灾等环境事故以及人为操作失误或错误及各种计算机犯罪行为导致的破坏过程。物理安全是网络安全的最基本保障，是整个安全系统不可缺少和忽视的组成部分，主要包括以下 3 个方面的内容：

① 环境安全。

② 设备安全。

③ 媒体安全。

（2）安全控制

安全控制是指在网络系统中对存储和传输的信息操作及进程进行控制与管理，重点是在网络信息处理层次上对信息进行初步的安全保护，分为以下 3 个层次：

① 操作系统的安全控制。

② 网络接口模块的安全控制。

③ 网络互联设备的安全控制。

（3）安全服务

安全服务是指在应用程序层对网络信息的保密性、完整性和信源的真实性进行保护及鉴别，以满足用户的安全需求，防止并抵御各种安全威胁和攻击手段。安全服务可以在一定程度上弥补和完善现有操作系统及网络系统的安全漏洞，主要包括以下 4 个方面：

① 安全机制。

② 安全连接。

③ 安全协议。

④ 安全策略。

4. 方案实施

企业网络安全系统的实施主要在于网络设备的选型、安装调试，网络安全策略的制订，专业人员的技术培训及企业网用户安全教育。

所有安全策略的制订中，必不可少地都要提到用户安全教育，主要内容包括如何正确选择、设置防病毒软件和个人防火墙，如何保证操作系统和相关软件的及时更新，如何及时扫描漏洞、安装补丁，如何保护应用系统软件的权限使用，如何保护个人信息安全，如何控制和使用无线设备等，随着用户对正确使用方法和所负责任的了解，因网络安全事故带来的损失也会极大地降低。

企业网络安全系统施工完成后，应给出系统性能是否满足用户需求及是否符合网络设计方案要求的结论，该结论应写入项目验收报告，一并作为文档资料归档保存。

在企业网络安全系统运行之后，系统运维正式开始，项目公司应与企业签订运维合同，如果不涉及较大规模的经费问题，也可以简要地以会议纪要的形式给双方以约定。

系统运行维护期间，双方技术人员应不断沟通，以便随时掌握系统运行状况和网络访问情况，尤其是企业网络管理员和公司项目经理之间，应保持经常性会话，掌握网络的动态变化，便于对网络设定预防性安全措施。

习题

1. 安全结构的3个层次指的是（　　）。

①物理安全　②信息安全　③安全控制　④安全服务

A. ①②③　　B. ②③④　　C. ①③④　　D. ②③④

2. 计算机网络安全的4个基本特征是（　　）。

A. 保密性、可靠性、可控性、可用性　　B. 保密性、稳定性、可控性、可用性

C. 保密性、完整性、可控性、可用性　　D. 保密性、完整性、隐蔽性、可用性

3. 要对整个子网内的所有主机的传输信息和运行状态进行安全监测与控制，主要通过网管软件或者（　　）配置来实现。

A. 核心交换机　　B. 路由器　　C. 防火墙　　D. 安全策略

4. 针对所在校园网的安全现状组织一次用户需求调查，并写出需求调查报告。

5. 模拟甲乙双方的沟通交流会，形成有关会议纪要。

6. 由5～7名同学组成项目小组，组长为项目经理，主持开展项目设计，形成设计报告等一系列技术文档。

单元 6 综合实训

学校的校园网已经基本覆盖整个校区，该职业院校分为院本部和中专部两个大的校区，院本部又划分为南校区和北校区两部分，中心机房位于图书馆4楼，办公楼和教室均有网络覆盖，校园网中使用OA办公系统，网络中部署有Web服务器，客户端均使用私有IP，部分服务器为公有IP，通过负载均衡与外网相连，外网采用四网合一的方式，网络拓扑可参考图6-1。现要对该学校的校园网进行网络安全管理，在工作过程中，经过实地调研，写出具体的网络安全检测加固方案，同时对流行的安全技术进行了解。

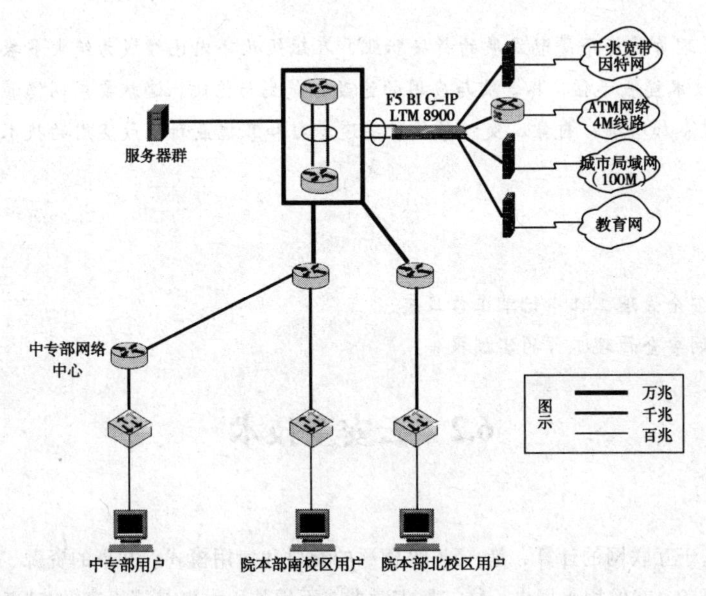

图6-1　校园网网络拓扑图（参考）

先通过网络管理工作对校园网有一个整体的认识，熟悉网络管理员的具体工作任务，然后由学生对校园网进行安全性分析，了解校园网的脆弱性，对校园网进行安全规划，写出安全管理方案并根据实际情况进行实施。

本单元是一个综合实训项目，针对学校的校园网进行网络安全的管理和检测加固，并在工作过程中，不断了解网络安全相关技术。

学习目标

- 能进行网络管理工作。
- 能进行网络安全分析与规划。

- 能制订网络安全管理方案并进行实施。
- 了解云安全等网络安全技术。
- 通过实际工作综合提高职业素质。

6.1 校园网安全管理

1. 网络管理工作

带领学生参观网络中心，并且安排学生进行校园网管理员的值班工作，在实际工作中详细了解管理员所负责的工作，并且对校园网的结构和安全措施进行深入了解。

2. 校园网网络安全检测加固

本部分由学生自主设计实施，要求结合工作中所了解到的校园网实际情况，整理安全管理需求，制订安全管理方案，安全管理方案尽量全面与合理，并能进行实施。

小知识

计算机网络管理员是一个蓬勃发展的新兴职业，在短短几年内已经成为绝大多数企业中必设的工作岗位。鉴于IT技术发展迅猛，其普及与应用的速度也是无与伦比，这就要求网络管理员要建立终身学习的理念，通过参加培训、自学、交流等各种渠道学习和掌握最新、最实用的技术，构建和完善自身的技术体系。

习题

1. 在校园网安全管理工作中记录工作日志。
2. 写出校园网安全管理工作的实训报告。

6.2 云安全技术

1. 云计算

云计算就是基于互联网的计算，是一种IT资源的交付和使用模式。共享的资源、软件和信息，以按需的方式提供服务，就像用水用电一样，按需缴费，不用关心水电是哪里来的。“云”的计算能力通常是由分布式的大规模集群和服务器虚拟化软件搭建。

2. 云计算服务

根据现在最常用，较权威的NIST（National Institute of Standards and Technology，美国国家标准技术研究院）定义，根据用户体验角度及服务类型，云计算主要分为3种服务模式：SaaS、PaaS、IaaS。SaaS主要将应用作为服务提供给客户，IaaS是主要是将虚拟机等资源作为服务提供给用户，Paas以服务形式提供给开发人员进行应用程序开发及平台部署（见图6-2）。

（1）SaaS（Software-as-a-service，软件即服务）

Saas是最为成熟、最出名，也是得到最广泛应用的一种云计算。可以将它理解为一种软件分布模式，在这种模式下，应用软件安装在厂商或者服务供应商那里，用户可以通过某个网络来使用这些软件，通常使用的网络是互联网。这种模式通常也被称为“随需应变（on demand）”软件，这是最成熟的云计算模式，因为这种模式具有高度的灵活性、已经证明可靠的支持服务、强大的可扩展性，因此能够降低客户的维护成本和投入，而且由于这种模式的多宗旨式的基础架构，运营成本也得以降低。

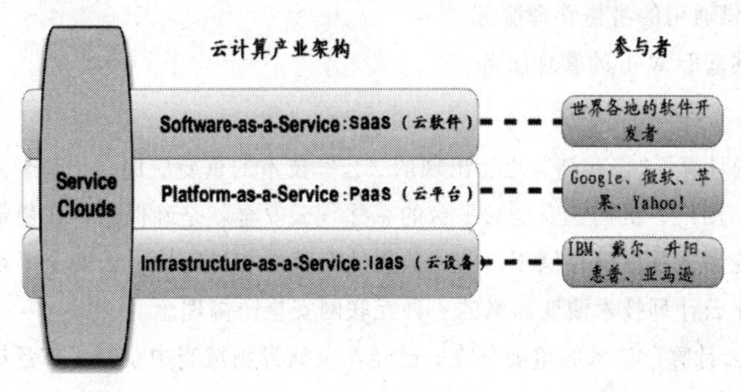

图 6-2　云计算架构

（2）PaaS（Platform-as-a-Service：平台即服务）

PaaS 提供了基础架构，软件开发者可以在这个基础架构之上建设新的应用，或者扩展已有的应用，同时却不必购买开发、进行质量控制或生产服务器。Salesforce.com 的 Force.com、Google 的 App Engine 和微软的 Azure（微软云计算平台）都采用了 Paas 的模式。这些平台允许公司创建个性化的应用，也允许独立软件厂商或者其他的第三方机构针对垂直细分行业创造新的解决方案。

（3）IaaS（Infrastructure-as-a-service：基础架构即服务）

IaaS 通过互联网提供了数据中心、基础架构硬件和软件资源。IaaS 可以提供服务器、操作系统、磁盘存储、数据库和（或）信息资源。IaaS 的主要用户是系统管理员。最高端 IaaS 的代表产品是亚马逊的 AWS（Elastic Compute Cloud），不过 IBM、VMware 和惠普以及其他一些传统 IT 厂商也提供这类的服务。IaaS 通常会按照"弹性云"的模式引入其他的使用和计价模式，也就是在任何一个特定的时间，都只使用需要的服务，并且只为之付费。

3. OpenStack

OpenStack 既是一个社区，也是一个项目和一个开源软件，它提供了一个部署云的操作平台或工具集。其宗旨在于，帮助组织运行为虚拟计算或存储服务的云，为公有云、私有云，也为大云、小云提供可扩展的、灵活的云计算。

OpenStack 主要包含 5 个组件：Nova、Swift、Glance、Keystone、Horizon。

① OpenStack Compute（Nova）是一套控制器，用于为单个用户或使用群组启动虚拟机实例。它同样能够用于为包含着多个实例的特定项目设置网络。OpenStack Compute 在公共云处理方面堪与 Amazon EC2 相提并论，而在私有云方面也毫不逊色于 VMware 的产品。在公共云中，这套管理机制将提供预制的镜像或是为用户创建的镜像提供存储机制，这样用户就能够将镜像以虚拟机的形式启动。

② OpenStack 对象存储（Swift）是一套用于在大规模可扩展系统中通过内置冗余及容错机制实现对象存储的系统。这些对象能够通过一个 REST API 或是像 Cyberduck 这样可以对接对象存储 API 的客户端加以恢复。

③ OpenStack 镜像服务（Glance）是一套虚拟机镜像查找及检索系统。它能够以 3 种形式加以配置：利用 OpenStack 对象存储机制来存储镜像；利用 Amazon 的简单存储解决方案（简称 S3）直接存储信息；或者将 S3 存储与对象存储结合起来，作为 S3 访问的连接器。OpenStack 镜像服务支持多种虚拟机镜像格式，包括 VMware（VMDK）、Amazon 镜像（AKI、ARI、AMI）以及 VirtualBox 所支持的各

种磁盘格式。镜像元数据的容器格式包括 Amazon 的 AKI、ARI 以及 AMI 信息，标准 OVF 格式以及二进制大型数据。

④ Keystone 提供通用的身份管理服务。

⑤ Horizon 提供基于 Web 的管理服务。

4. 云安全

云安全是继“云计算”“云存储”之后出现的“云”技术的重要应用，是基于云计算商业模式应用的安全软件、硬件、用户、机构、安全云平台的总称。云安全就是确保用户在稳定和私密的情况下在云计算中心上运行应用，并保证存储于云中的数据的完整性和机密性。云安全不是某款产品，也不是解决方案，它是基于云计算技术演变而来的一种互联网安全防御理念。

“云安全”是“云计算”技术的重要分支，已经在反病毒领域当中获得了广泛应用。云安全通过网状的大量客户端对网络中软件行为进行异常监测，获取互联网中木马、恶意程序的最新信息，推送到服务端进行自动分析和处理，再把病毒和木马的解决方案分发到每一个客户端。整个互联网，变成了一个超级大的杀毒软件，“云”最强大的地方，就是抛开了单纯的客户端防护的概念。传统客户端被感染，杀毒完毕之后就完了，没有进一步的信息跟踪和分享，而“云”的所有节点，是与服务器共享信息的。有用户中毒了，服务器就会记录，在帮助处理的同时，也把信息分享给其他用户，他们就不会被重复感染。参与者越多，“云”记录和分享的安全信息也就越多，每个参与者就越安全，整个互联网就会更安全。

小知识

① 在 OpenStack 之前，云基础架构的主要两大阵营是 Amazon API 及其兼容架构和 VMware 的 vCloud。作为第三种选择，OpenStack 为服务提供商和电信运营商提供了一个开放的平台，在这一领域作为有竞争力的参与者打破了双寡头的垄断。

② 目前用户完全不必理会云安全技术是如何构建的，最明显的价值体现在客户端防御软件的“身材”会变小。而目前云安全的实际价值仅体现在厂商处理互联网威胁能力增强，响应时间缩短，但依然无法实现全自动检测、预警及分发，整个过程都需要人或多或少的干预。

习题

查阅安全技术的相关资料，了解安全技术发展趋势。